锂离子电池硅基负极材料的结构设计及电化学性能研究

王凯　著

中国原子能出版社

图书在版编目（CIP）数据

锂离子电池硅基负极材料的结构设计及电化学性能研究 / 王凯著 . -- 北京 : 中国原子能出版社 , 2022.12

ISBN 978-7-5221-2629-6

Ⅰ . ①锂… Ⅱ . ①王… Ⅲ . ①锂离子电池 - 硅基材料 - 阴极 - 结构设计②锂离子电池 - 硅基材料 - 阴极 - 电化学 - 化学性能 Ⅳ . ① TM912

中国版本图书馆 CIP 数据核字 (2022) 第 250352 号

锂离子电池硅基负极材料的结构设计及电化学性能研究

出版发行 中国原子能出版社（北京市海淀区阜成路 43 号 100048）
责任编辑 张　磊
责任印制 赵　明
印　　刷 北京天恒嘉业印刷有限公司
经　　销 全国新华书店
开　　本 787 毫米 ×1092 毫米　1/16
印　　张 12.875
字　　数 188 千字
版　　次 2022 年 12 月第 1 版
印　　次 2022 年 12 月第 1 次印刷
书　　号 ISBN 978-7-5221-2629-6
定　　价 56.00 元

发行电话：010-68452845　

作者简介

王凯，男，汉族，1993 年 12 月出生，籍贯为山西平遥。毕业于大连理工大学材料科学与工程学院，博士研究生，辽宁省优秀毕业生，多次获得国家奖学金。2021 年 7 月以特聘副教授身份加入中北大学能源与动力工程学院，目前主要从事载能束冶金及超纯净材料制备，高性能电极材料设计、制备、多尺度结构与电化学性能关系构建，硅基固废高值化循环利用于锂离子电池的基础科学研究和应用探索工作。迄今为止，在 *ACS Applied Materials & Interfaces*、*Chemical Engineering Journal*、*Journal of Hazardous Materials*、*Journal of Cleaner Production*、*Solar Energy Materials & Solar Cells*、*Electrochimica Acta*、*Cell Reports Physical Science*（*Cell Press*）等国内外多个知名期刊上发表 SCI 论文 20 余篇，获得授权国家发明专利 8 项，主持国家教育部及省部级项目 2 项，参与国家自然科学面上基金项目 1 项。研究成果曾被锂电联盟会长、科学材料站等多家网站评述和报道，为提升微纳米能源材料及器件工程化应用提供理论基础和技术支撑。

作者简介

前　言

锂离子电池具有高比能量、高电压、循环寿命长、自放电率小、无记忆效应和绿色环保等优点，在便携式数码电子产品、电动汽车和电力储能等领域展现出广阔的应用前景。为了进一步满足锂离子电池市场高比容量和高安全性的使用要求，大力开发电极材料成为当前的研发重点，而电极材料的储锂能力高低对电池比容量的提升具有至关重要的作用。相比于商用的石墨负极材料（372 mAh/g），Si材料具有理论嵌锂比容量（4200 mAh/g，$Li_{22}Si_5$合金相）高、电压平台低和地球资源丰富等优势，是下一代高比容量锂离子电池最有潜力的负极材料之一。Si负极材料的使用主要存在两大瓶颈问题：一是在反复脱嵌锂过程中具有巨大的体积变化效应，导致Si材料循环稳定性差；二是Si材料本身导电性差，不利于电子的传导。本研究针对上述两大问题，依次设计了微米级分散型Si基复合材料、包覆型多孔Si基复合材料、珊瑚状多孔Si基复合材料及板砖型Al-MOF等新型结构，提高Si基复合材料的循环稳定性。微米级多孔Si材料中的一次纳米孔颗粒不仅可以缩短Li^+的扩散距离，还可以有效改善体积膨胀问题，同时微米尺寸的二次颗粒又能保证高的振实密度，提高Si基材料的比容量。具体研究内容概括如下：

第一，针对光伏产业中金刚线切割微Si粉杂质含量高的问题，通过表面改性3步预处理，除去Si颗粒表面的SiO_2层、附着的金属杂质和有机沾污层PEG，对应的金属和有机杂质去除率分别为67.4%和43.7%。通过液相混合和高温热解方法，设计并制备出微米级分散型PSi/PA-C（1∶6）复合材料，在0.1 A/g下循环100次后，放电和充电比容量分别达到463.1 mAh/g和458.5 mAh/g，显示了良好的循环稳定性，其归功于适量无定形PA-C颗粒均匀覆盖住Si颗粒，宏观上既可缓解Li^+脱嵌过程中Si的体积膨胀效应，同时电极材料中PA-C又形成了互相交连的导电网络。

第二，在上述研究基础上，提出了HF腐蚀和高温裂解PEG的新工艺，对金刚线切割Si颗粒进行表面改性优化处理，并揭示了不同预处理下Si颗粒的表面改性模型、作用机理及对电化学特性的影响规律。表面改性后的总金属和有机杂质去除率分别达到66.76%和70.42%，得到纯度约为4.5 N的Si粉。表面改性处理样品Si0、Si1和Si2在0.1A/g下，循环100次后的放电和充电比容量分别为0.9/0.7 mAh/g、33.4/33.2 mAh/g和230.0/229.2 mAh/g。可见，Si颗粒表面SiO_2和沾污层PEG的有效去除可以减弱Li^+迁移到Si界面时受到的阻碍，降低颗粒表面不可逆副反应造成的Li^+消耗量，从而提高Si电极材料的循环稳定性。同时，提出了$NaNO_2$作为催化剂在表面改性后的微米Si颗粒上打孔的方法。通过热力学分析和工艺优化，发现$HF/HNO_3/NaNO_2/H_2O$溶液体系为16：4：1：80，反应120 min时，可得到Porous Si@SiO_2复合结构，其纳米孔洞为Li^+的快速嵌入和脱出提供便捷通道，也为Si的体积膨胀提供缓冲空间。包覆的SiO_2层可避免Si与电解质的直接接触，减少不可逆副反应的发生，同时，非晶SiO_2层以Si–O–C官能团形式增强了Si与C界面之间的结合力。通过表面PVP吸附和高温热解碳化处理，得到微米级包覆型Porous Si@SiO_2@C复合材料，在0.1 A/g下循环100次后的放电和充电比容量分别是1051.4 mAh/g和1038.2 mAh/g，表现出良好的循环稳定性。包覆的纳米C层不仅可以提高复合结构的导电性，还具有巩固材料结构稳定性的作用。

第三，为得到多孔Si结构更加稳定，操作更加简单的微米级多孔Si基复合材料，选择价格低廉Al–Si合金粉为原料（~21 μm），通过去合金化、预氧化和高温碳化的简易流程，得到双壳层约束的新型珊瑚状Porous Si@SiO_2@C复合材料，其中SiO_2@C厚度为44~72 nm。电化学性能表明：Porous Si@SiO_2@C在0.1 A/g下循环100次后，放电和充电的比容量分别是933.2 mAh/g和929.2 mAh/g。揭示了珊瑚状多孔结构中初晶Si和共晶Si的物相组成对电化学特性的作用机理，其中亚微米初晶Si主要起支撑结构稳定作用，而共晶组织中被HCl刻蚀后得到的纳米共晶Si孔则起缓冲体积膨胀作用。

第四，在上述研究基础上，以Al–Si合金粉为原料（~6 μm），通过正交实验设计并制备出结构优化的珊瑚状Porous Si@SiO_x复合材料，揭示了珊瑚状多孔结构中的孔隙率、导电位点和 SiO_x 层的关联作用对电化学特性的影响规律。发现多孔结构的 Si、Al 和 O 浓度分别为 83.39 wt.%、5.73 wt.% 和 10.64 wt.%，孔隙率为 82.04%，介于 75.0% ~ 85.0%，理论上可以缓冲 Si 脱嵌锂过程中 300% 左右的体积膨胀。当共晶组织中的 Al 被过度浸出后，会导致 3D 珊瑚状共晶 Si 棒结构崩塌。同时，揭示了 10 nm SiO_x 层中 Si 价态组成（Si^0、Si^{4+}/Si^0、Si^{3+} 和 Si^{4+}）和比例变化对电化学特性的影响机理，发现在 1.0 A/g 下，该复合材料的首次放电和充电比容量分别为 3058.7 mAh/g 和 2364.4 mAh/g，且循环 100 次后分别为 1367.9 mAh/g 和 1340.8 mAh/g，循环 300 次后依然达到 903.2 mAh/g 和 899.7 mAh/g，表现出优异的电化学性能。

第五，针对上述 Al–Si 去合金化后形成的 $AlCl_3$ 溶液的再生利用问题，本研究提出一种利用 PVP 辅助修饰的自组装水热法。在 PVP 修饰的 150 ℃ 下反应 9 h，制备出粒径为 878.6 nm，孔径为 2.5 nm 的新型板砖型 Al–MOF 颗粒。在 pH=4 ~ 5 的酸性条件下，金属 Al 离子与对苯二甲酸有机配体中的 O 形成了 AlO_6 八面体结构，八面体 AlO_6 簇进一步通过配体连接，形成了具有菱形孔道的三维结构，便于 Li^+ 的快速传输和脱嵌反应。在 0.1 A/g 下，板砖型 Al–MOF 的首次放电和充电比容量分别是 392.4 mAh/g 和 379.2 mAh/g，循环 100 次后，对应比容量分别达到 372.3 mAh/g 和 370.8 mAh/g，显示了优越的比容量恢复能力，最终实现了 $AlCl_3$ 溶液的再生利用。

执笔于此，心中千言万语最终汇成感恩两个字，感恩各位老师、亲人、朋友及同学的关心和帮助，让我在希望的田野中继续勇往直前。

目　录

1　绪论

1.1　引言

能源是人类社会赖以生存和生命延续重要的物质基础。进入 21 世纪以来，随着人类社会现代化进程的快速推进，煤炭、石油、天然气等不可再生能源被过度开发，导致地球的储备量日趋枯竭，同时化石燃料的不合理使用，排放了大量二氧化碳气体，给全球带来了连锁的环境污染问题，已经严重威胁了人类社会的可持续发展。目前人类最大的生存挑战是具有双重性的：需要在满足不断增长的能源需求的同时减少碳的排放量。在这种双重挑战中，快速推进人类社会能源消耗结构，向低碳能源系统的转型和改革迫在眉睫。近些年来，太阳能、风能、地热能、生物质能和潮汐能等可再生能源的开发已经成为世界各国的研发重点，并取得了一定的科技成果，但是由于这些能源类型受限于其间歇性、局域性和不稳定性等特点，目前仍难以在电网中大规模推广使用[1]。《BP 世界能源展望 2019》分析认为，能源系统中煤炭、石油、天然气等传统不可再生能源占比高达 80% 以上，在未来的 20 年内，传统化石能源在能源总供给占比预计会超过 75%，其仍是人类社会赖以生存的物质基础。从渐进转型到快速转型期间，可再生能源是增长最快的能源来源，预计到 2040 年，世界能源供应增量的一半将来自可再生能源，并且可再生能源将成为最大的电力来源。预计到 2040 年仍将有三分之二的人口生活在人均能源消费水平较低的国家，更加凸显了对“更多能源”的开发需求。因此，开发绿色清洁的新能源及配套高效的储能技术具有重大的战略意义，其中电化学储能的二次电池体系被认为是最有潜力实现能源转换和储存的载体[2，3]。世界能源结构如图 1–1 所示[4]。

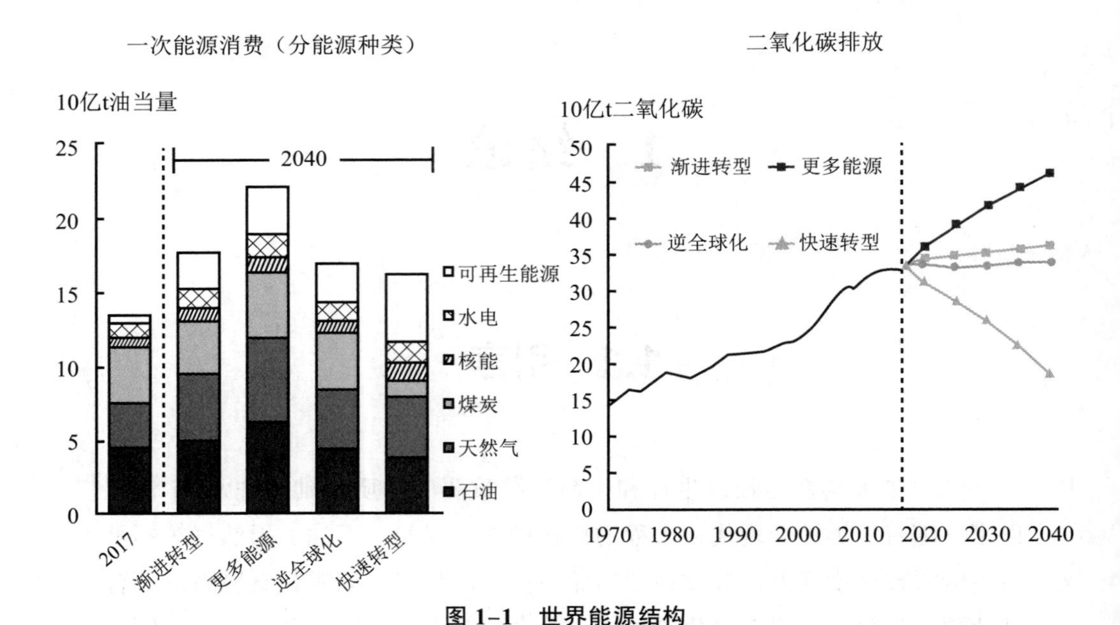

图 1-1　世界能源结构

二次电池体系按照组成成分的不同，其发展历程大致可分为铅酸电池（Pb-Acid）、镍铬电池（Ni-Cd）、镍氢电池（Ni-MH）和锂离子电池（LIB）。其中，Pb-Acid 电池的充放电平台相对稳定，价格低廉，但 Pb 元素对环境污染大，且能量密度低，不适合便携式电子产品的使用。Ni-Cd 电池具有严重的记忆效应，电池寿命较短，且存在 Cr 元素对环境污染大的问题。Ni-MH 电池具有较高的容量，循环寿命较长，属于环境友好型，但有记忆效应，存在氢泄漏和自放电率高等问题，且 Ni 元素的市场价格较高。相比于传统的 Pb-Acid、Ni-Cd 和 Ni-MH 电池等，LIB 电池具有高比能量、高电压、循环寿命长、自放电率小、无记忆效应和绿色环保等优点，目前在便携式数码电子产品、电动汽车和电力储能等领域展现出广阔的应用前景 [4]。为了满足市场对高比能量、长循环寿命和高安全性锂离子电池的使用要求，大力开发高比能量的锂离子电池电极材料成为当前研发重点，而负极材料储锂能力的高低对锂离子电池比容量的提升起到至关重要的作用 [5-7]。

本章首先对锂离子电池的发展、结构和工作原理进行了概述；然后结合本研究的研究目标，重点阐述了 Si 基负极材料的储能及容量衰减机理，系统总结了不同维度上的 Si 基结构设计和电化学性能影响的研究进展；最后针对嵌锂脱锂过程中 Si 的导电性差和体积膨胀大这两个瓶颈问题，提出了本研究的研究目的和研究内容。

1.2 锂离子电池概述

1.2.1 锂离子电池的发展简史

锂离子电池的研究起源于20世纪60年代爆发的石油危机。1958年，加州大学伯克利分校Harris博士首先对无机盐的环酯溶剂电化学性能进行了系统研究和表征，该研究为锂金属原电池的商业化应用指明了方向，是锂离子电池发展领域的先驱者。随着1976年Li/TiS_2的嵌入式反应机理的提出，Exxon和Mobil两家公司分别致力于Li/TiS_2和Li/MoS_2二次电池的商业化使用研究[7]。但是，由于该锂二次电池在锂离子快速沉积的过程中，易形核的位点会优先长大，不均匀长大造成锂的不均匀沉积，而局部锂的过快沉积，就会在该位置形成锂枝晶。锋利的枝晶容易穿透隔膜，连通正负极，引发短路，进而短时间内产生的热量会使电池发生燃烧，甚至爆炸，带来严重的安全隐患。

锂枝晶的安全问题一直得不到解决，当时的研究者将目光转向非锂基负极材料的开发和研究。1980年，Annond首次提出“摇椅式电池”概念，将传统的氧化还原电池体系完全颠覆为嵌入脱出的体系[8]，同时，Goodenough等在正极材料领域取得突破，提出了用过渡金属氧化物$LiCoO_2$作为电池正极材料，并申请专利[9]。20世纪80年代，Sanya、Moli和Sony公司先后成功将石墨和焦炭用于锂离子电池负极材料中，并申请相应专利，开始了锂离子电池产业布局[10]。基于以上正极和负极材料的突破性研究成果，1990年日本Sony公司正式推出第一款商业化的锂离子电池，正式开启了崭新的锂时代。选用的是可脱嵌型的焦炭/$LiCoO_2$的正负极材料体系，使“摇椅式”锂离子电池的概念变成现实，实现了锂离子电池的商业化，在全世界范围内掀起了对锂离子电池的研究热潮。

此后的 30 多年时间里，随着对电极材料结构和性能的不断研究，涌现出越来越多新型的正极和负极材料。比如 $LiFePO_4$、LNMO 和 Li（NiMnCo）O_2 等新型插层正极材料的开发和应用，C、Si、Sn、尖晶石 $Li_4Ti_5O_{12}$ 等负极材料的探索研究，获得了能量密度更高、循环稳定性更好的新型锂离子电池，进入了百花齐放的高速发展时期。具体的锂离子二次电池发展进程如图 1–2 所示。

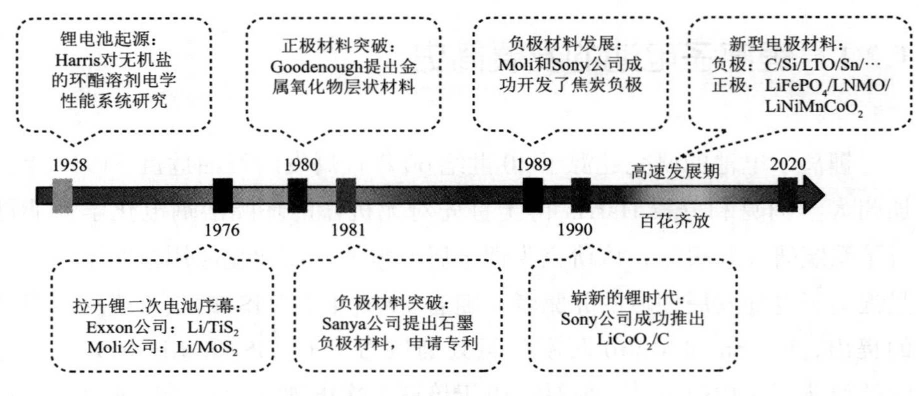

图 1–2　锂离子二次电池发展进程

1.2.2　锂离子电池的结构及工作原理

为了满足不同领域的需求，锂离子电池通常被设计成不同的外观。典型的商用锂离子电池的外观电池结构有圆柱状（Cylinderical）、卷绕封装的方形状（Prismatic）、冲压平板状（Pouch）和扣式电池（Coin）[11–13]，如图 1–3 所示。锂离子电池的结构基本都是由正极材料、负极材料、隔膜、电解液四部分组成。其中，正极材料一般选择具有较高氧化还原电位的可嵌锂化合物，包括最初的 $LiCoO_2$、$LiFePO_4$、LNMO 和 Li（NiMnCo）O_2 等新型插层材料。负极材料一般选择脱嵌 Li 结构稳定的材料，保证良好的循环稳定性。目前商用的负极材料还是以 C 材料为主，Si 基和 Sn 基材料是目前的研发热点。在正负极材料之间放置一层带有微米级孔隙的高分子隔膜，其对电子绝缘，只能让离子通过，可防止电池内部短路，同时由于孔隙的存在，便于锂离子顺利通过，完成电荷的传输。常用的隔膜有聚丙烯PP隔膜、聚乙烯PE隔膜或者两者的复合隔膜。电解液是电池离子传输的载体来源，电解液具有不易发生分解，且离子传导率高等特性。常用的电解液有$LiPF_6$、$LiClO_4$和$LiBF_4$等锂盐和高分子溶剂的混合物。

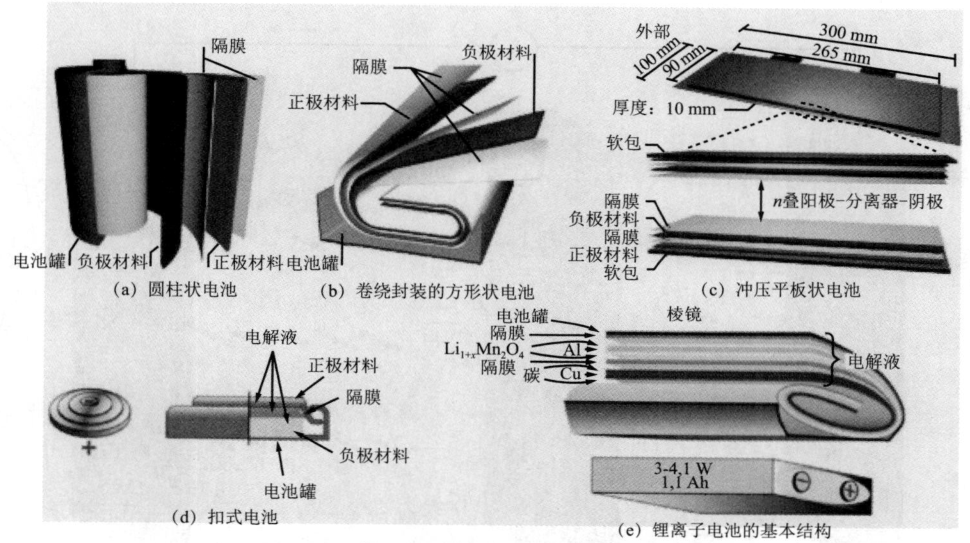

图 1–3 典型的四种锂离子电池的结构组成

图1–4是锂离子电池充放电过程中锂离子摇椅式移动的过程示意图[14]。以Sony公司开发的锂离子电池C/$LiCoO_2$体系为例，其基本工作过程如下所示：充电时，在外电场作用下，正极材料的锂脱出，通过电解液穿过隔膜，扩散到负极材料表面，同时电子从外电路迁移到负极以维持电荷平衡，将电能转化为化学能，此时正极的Co^{3+}被氧化成Co^{4+}。放电时，负极材料的锂脱出，在电解液和电势的作用下扩散到正极材料表面，多余电子则从负极迁移到正极以保持电荷平衡，将化学能转化为电能。在锂离子反复嵌入和脱出过程中，正极和负极材料的结构不会发生坍塌，保证了电池的可逆性。其对应的电化学反应式可用式（1–1）～式（1–3）表示：

$$\text{正极反应：}LiCoO_2 \underset{\text{放电}}{\overset{\text{充电}}{\rightleftharpoons}} Li_{1-x}CoO_2 + xLi^+ + xe^- \qquad (1\text{–}1)$$

$$\text{负极反应：}6C+xLi^{+}+xe^{-} \underset{\text{放电}}{\overset{\text{充电}}{\rightleftharpoons}} Li_xC_6 \quad (1\text{–}2)$$

$$\text{电池反应：}LiCoO_2+6C \underset{\text{放电}}{\overset{\text{充电}}{\rightleftharpoons}} Li_{1-x}CoO_2+Li_xC_6 \quad (1\text{–}3)$$

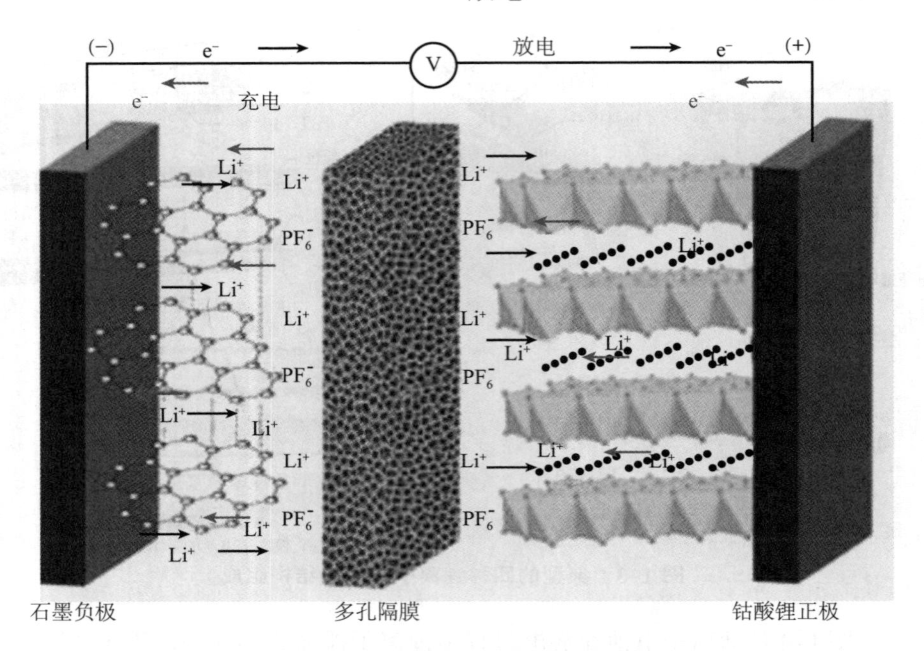

图 1–4　锂离子电池的工作原理示意图

1.2.3　锂离子电池负极材料

近 20 年来，研究者们围绕锂离子电池的负极材料展开了大量的探索及结构改性研究。根据材料在充放电过程中与锂离子反应机理的不同，负极材料可以分为 3 大类：嵌入型反应负极、转换型反应负极和合金化反应负极。

1.2.3.1　嵌入型反应负极

目前嵌入型反应负极材料主要有 C 和钛基氧化物。自 20 世纪 90 年代，Sony 公司将 $C/LiCoO_2$ 摇椅电池成功商业推广，从此 C 负极材料成为锂离子电池行业的研究重点。目前商业化的C基负极材料主要分为石墨化C材料（中间相碳微球MCMB、人造石墨和天然石墨等）和非石墨化C材料（软C和硬C）两大类。石墨是一种以sp^2杂化方式形成层状结构的C，层与层之间靠范德华力组合，层间距一般为0.335 nm。层状结构中大量的嵌入位置可以容纳锂离子嵌入进来，形成LiC_6插层化合物，其理论比容量为372 mAh/g，嵌锂电位在0.01～0.20 V期间，体积膨胀约为10%。所以，锂离子嵌入和脱出的过程可以保持C材料良好的结构稳定性，具有优异的循环性能[15-19]。目前，锂离子电池商用主流石墨负极材料的实际比容量已接近其理论值，很难再有质的提升和突破。

钛基负极材料包括钛的氧化物（TiO_2）及其与锂的复合氧化物（$Li_4Ti_5O_{12}$）。TiO_2作为锂离子电池负极材料研究得较早，其有三种晶型，其中有金红石型和锐钛矿型两种晶体结构可以嵌锂，嵌锂活性受到晶体结构的影响。尖晶石结构的$Li_4Ti_5O_{12}$材料是另一种具有代表性的嵌入式负极材料。$Li_4Ti_5O_{12}$具有1.55 V的高脱嵌锂电压，能够避免形成锂枝晶，展现了极好的安全性。另外，在脱嵌锂过程中体积变化极小，具有热稳定性高和循环寿命长等优点，但是$Li_4Ti_5O_{12}$还具有制备成本高、理论比容量仅为175 mAh/g和导电性差等缺点，严重限制了其作为高能量密度锂离子电池负极材料的应用[20-24]。

1.2.3.2　转换型反应负极

转换型反应负极最典型的代表是过渡金属氧化物，其是通过发生置换反应进行锂化和去锂化反应的。2000年，Tarascon等人首次报道了过渡族金属氧化物（CoO、NiO、CuO和FeO等）作为锂离子电池负极材料时的电学性能结果。研究发现金属氧化物与锂发生还原反应时，产生的纳米金属团簇会分散于无定形的Li_2O基质中，有利于Li_2O在氧化过程中分解，具有一定的催化效果，其比容量为500～1000 mAh/g，且脱嵌锂电压较高（～1.5 V）。过渡族金属氧化物在锂化和去锂化过程中，涉及化学键的断裂和生成，导致电压滞后严重，能量效率较低（低于60%）等问题，同时，材料本身导电性差，在充放电过程中还存在严重的体积膨胀问题，故其安全性能和循环性能亦无明显竞争优势[25-29]。

1.2.3.3 合金化反应负极

在0.1～1.0 V之间，许多金属和非金属能够与锂离子发生电化学反应，并形成可逆的合金相，其可以在较低的电位下通过合金和去合金化反应来储存和释放锂离子，是一类极具潜力的负极材料。表1-1对文中涉及的嵌入型反应、转换型反应和合金化反应的典型负极材料的电学特性进行了对比。与C和$Li_4Ti_5O_{12}$相比，合金化反应负极材料均有较高的理论比容量和体积比容量，并且还有适中的电化学锂化反应平台，避免了低电压锂枝晶形成的安全隐患[30-37]。图1-5进一步发现，要满足锂离子二次电池300 Wh/kg以上高能量密度的需求，高比容量、低成本、低电压平台的Si基材料是最有发展潜力的。

表1-1 不同负极材料的电化学特性对比

材料	C	$Li_4Ti_5O_{12}$	Si	Sn	Sb	Mg	Bi
密度 / (g/cm^3)	2.25	3.5	2.33	7.29	6.7	1.3	9.78
嵌锂相	LiC_6	$Li_7Ti_5O_{12}$	$Li_{22}Si_5$	$Li_{4.4}Sn$	Li_3Sb	Li_3Mg	Li_3Bi
理论比容量 / (mAh/g)	372	175	4200	994	660	3350	385
体积比容量 / (mAh/cm^3)	837	613	9786	7246	4422	4355	3765
体积变化 /%	12	1	320	260	200	100	215
电压 /V	0.1	1.6	0.4	0.6	0.9	0.1	0.8

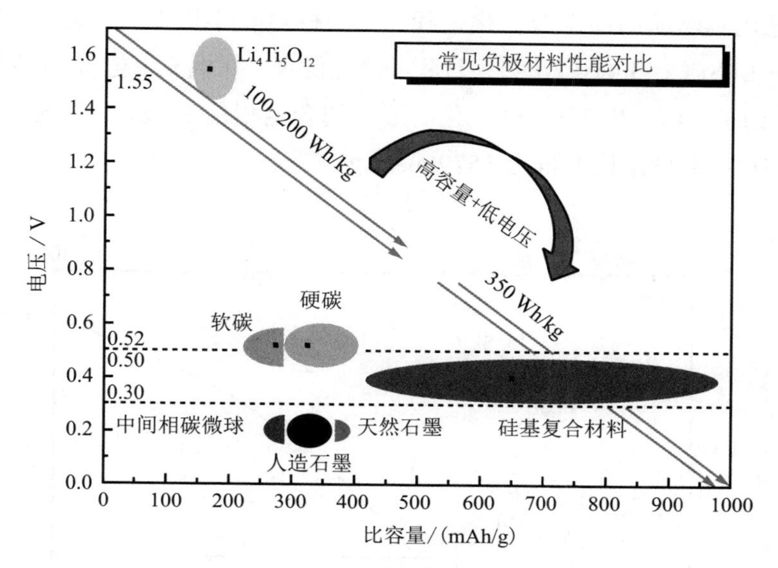

图 1-5 几种典型负极材料的性能对比

1.2.4 Si 负极材料嵌锂机理和失效问题

Si 负极材料的储锂机理是 Si 与 Li 发生合金化反应进行的。图 1-6 的 Li-Si 二元合金平衡相图表明，Si 与 Li 在一定成分比例和温度下可以形成 $Li_{22}Si_5$、$Li_{13}Si_4$、Li_7Si_3、$Li_{12}Si_7$ 和 LiSi 等合金相[38, 39]。图 1-7 是 Li-Si 体系在室温和高温下的合金相组成和电位的关系分布图[40, 41]。由图可知，Li 与 Si 发生嵌锂合金反应时，生成的系列合金相，理论上对应着 Si 恒流电压曲线上不同的电压。Si 在 450 ℃ 锂化时发生如黑线所示的相变过程，随着嵌锂量 x 系数的增加，依次形成 $Li_{12}Si_7$、Li_7Si_3、$Li_{13}Si_4$ 和 $Li_{22}Si_5$ 等合金相，且整个嵌锂过程对应不同的电压平台。Si 在室温下嵌锂和脱锂时会发生如红线和绿线所示的相变过程，晶态 Si 与 Li 反应生成非晶态的 Li_xSi 相，x 随着储 Li 容量的增加而增大。其中 $Li_{22}Si_5$ 为最高含 Li 相，对应理论比容量达到 4 200 mAh/g。但是，$Li_{22}Si_5$ 是 450 ℃ 以上的高温相，在室温下的电化学反应是很难生成该合金相的。Li-Si 合金在室温下的生成会受到动力学上的阻碍，两相界面中的富 Li 状态会弱化 Si-Si 键，进而驱动 Si 的深度锂化，生成具有较低吉布斯自由能的非晶相，呈现出一个电化学驱动的固态非晶化过程，对应的电化学嵌锂是晶态 Si 与非晶亚稳态 Li_xSi（x=3.4±0.2）共存过程。研究发现，在低充电电位 <0.5 V（相对于 Li/Li^+）时，Si 与 Li 合金化后形成的合金相是 $Li_{15}Si_4$，如式（1–5）所示，对应的理论比容量为 3579 mAh/g[42–44]。

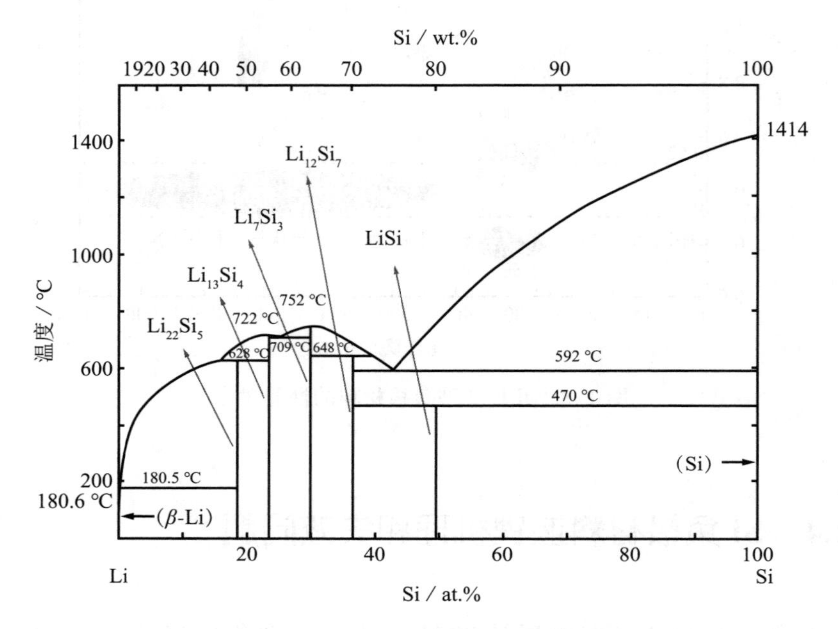

图 1–6　Li–Si 二元合金的平衡相图

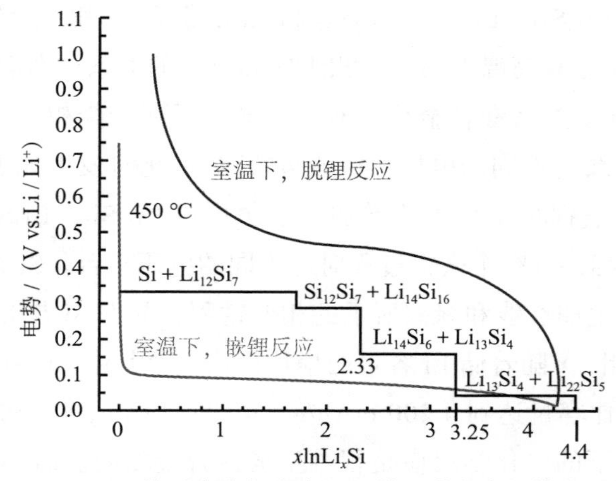

图 1–7　Li–Si 体系在室温和高温下的组成和电位的关系曲线

研究者对常温下 Si 基材料嵌锂脱锂过程中晶体结构的变化机理进行了深入研究[45, 46]，揭示了晶体 Si 在常温下的嵌锂脱锂过程逐步非晶化的规律，对应的反应机理示意图如图 1–8 所示[45]。晶态 Si（i）在首次嵌锂过程中，外层部分 Si 先锂化形成无定型 Li_xSi（ii），同时伴随一定程度的外层体积膨胀。在随后的脱锂过程中，外层的非晶 Li_xSi 失去 Li 变成非晶 Si，颗粒逐步转变成外层部分为非晶 Si，内核为晶体 Si 的结构（iii）。同理，在进一步嵌锂过程中，内部会有更多的晶体 Si 发生锂化反应，颗粒表面生成更多的非晶 Li_xSi（iv，v），最终循环结束直至非晶 Li_xSi 全部生成（vi），对应的体积膨胀也达到最大。研究揭示了 Si 颗粒电极活化具有明显的逐步反应特征，对应的充放电过程如式（1–4）~ 式（1–6）所示：式（1–4）和式（1–5）表示嵌锂过程，式（1–6）表示脱锂过程，其中 a 代表无定型，c 代表晶态。

$$Si(c) + xLi^+ + xe^- \rightarrow Li_xSi(a) \tag{1–4}$$

$$Li_xSi(a) + (3.75 - x)Li^+ + (3.75 - x)e^- \rightarrow Li_{15}Si_4(c) \tag{1–5}$$

$$Li_{15}Si_4(c) \rightarrow Si(a) + yLi^+ + ye^- + Li_{15}Si_4 \tag{1–6}$$

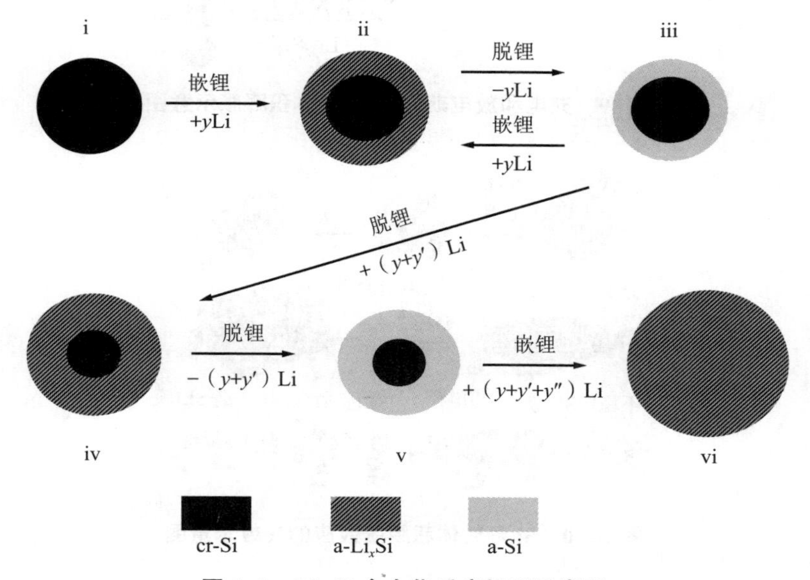

图 1–8　Li–Si 合金化反应机理示意图

根据前面合金化反应机理可知，Si 在嵌锂脱锂过程中晶体 Si 中 Si–Si 共价键逐渐被 Li–Si 键替代，最终形成 Si–Li 合金相。由晶胞参数理论计算可知，嵌锂生成 $Li_{22}Si_5$ 晶胞的体积膨胀在 300% 左右。因此，晶态 Si 向 Si–Li 合金相的转变必然会导致巨大的体积膨胀，如图 1–9 所示 [46]。图 1–10 是 Si 颗粒体积膨胀效应的失效示意图 [11]：巨大的体积膨胀使单个 Si 颗粒严重粉化，在电极结构的维度上易出现结构坍塌、活性材料与集流体失去电接触的问题，Si 体积的持续变化导致暴露在电解液中 Si 的 SEI 膜厚度持续增加，造成 Li^+ 的消耗，增加 Li^+ 的扩散距离，阻碍 Li^+ 的顺利脱嵌，最终造成 Si 基负极材料容量的损耗和界面阻抗的升高 [47–52]。除了上述体积膨胀问题，Si 是本征半导体材料，不利于电极电子的传导，其导电性差也是一个不容忽视的问题。

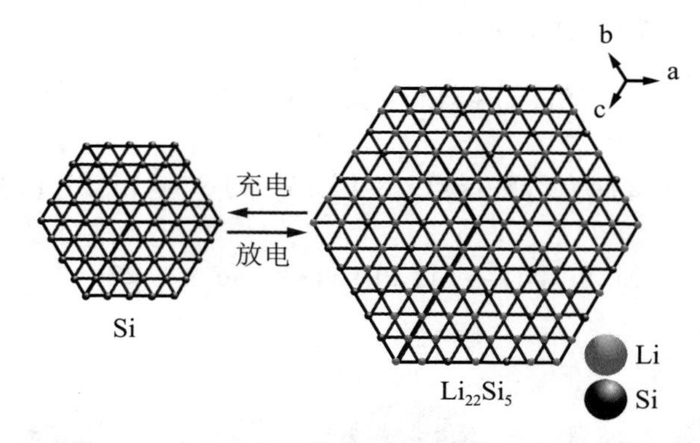

图 1–9　充电和放电期间 Si 原子体积膨胀示意图

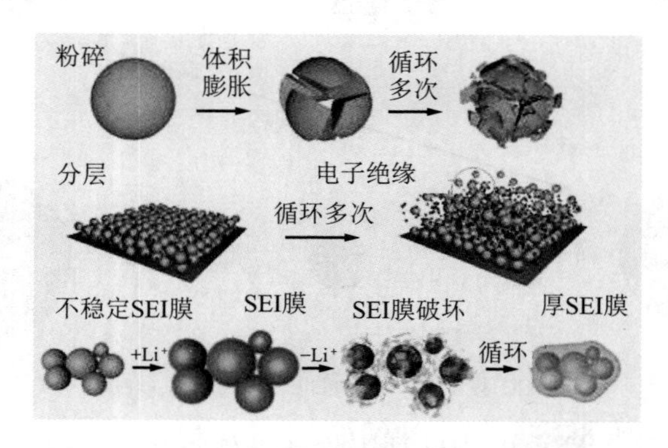

图 1–10　Si 颗粒体积膨胀效应的失效示意图

1.3 Si基负极材料研究进展

为了改善Si材料存在的上述体积膨胀和导电性差的问题，研究者们从颗粒尺寸、形貌改性和结构设计等方面进行了大量的探索研究。目前，主要的研究方向包括Si基材料纳米化、Si基材料的复合化以及微米级多孔结构的优化设计等。

1.3.1 Si材料纳米化

1.3.1.1 纳米Si颗粒（零维化）

针对Si负极存在的问题，纳米化是目前有效的解决方案之一。Si负极的纳米化可缩短Li^+的扩散距离，促进了离子传输。由菲克定律（$\tau=L^2/2D$，其中D是扩散系数，L是扩散距离，τ是扩散时间）可知，扩散时间与扩散距离的平方成正比。比如将Si的尺寸从微米级10 μm减小为纳米级100 nm时，其扩散的时间将从5000 s降低到0.5 s，将极大地缩短完全锂化所需时间，加速Li^+的快速嵌入与脱出[53]。其次，当Si晶粒尺寸达到纳米级别之后，在脱嵌锂过程中因体积效应引起颗粒破碎的位错运动会得到一定程度的抑制，提高了颗粒的屈服强度和抗破裂能力，减轻了Si颗粒体积膨胀时产生的应力集中，使得电极结构机械稳定性显著提高[54, 55]。研究发现在首次放电过程中Si颗粒的破裂行为有着明显的尺寸依赖效应，低于150 nm临界尺寸的Si颗粒在首次嵌锂后不会发生开裂现象，表现出很强的适应体积膨胀的能力[56]。理论研究表明，纳米Si颗粒相比于微米级别的Si，其在嵌锂合金化过程中承受的应力明显减小，对应的循环性能有所提升，但是并没有从本质上抑制Si的体积膨胀效应[57-59]。

目前，制备纳米Si颗粒涉及的技术手段有反胶束法[58]、高温高压液相反应法[60, 61]、化学气相沉积法（CVD）[62]、铝热还原法[63]、电化学沉积法[64]、电化学还原法[65-68]以及 SiO_2 或硅酸盐的镁热还原法[69-72]等，制备得到多种形态的纳米Si颗粒，大致可分为实心和空心两种颗粒形态。其中，Kim 等人在高温高压条件下，采用反胶束法获得了粒径在 5 ~ 20 nm 之间且分散性良好的实心 Si 纳米颗粒，其具有最好的容量保持率，循环 40 次后容量保持率达到 81%[58]。2011 年斯坦福大学崔屹课题组采用 CVD 法在 SiO_2 球表面沉积一层 Si，然后使用 HF 酸刻蚀除去内部的 SiO_2 模板，得到均匀的中空纳米 Si 球，如图 1-11 所示[72]，其具有 2725 mAh/g 的初始比容量，且每 100 次循环的容量衰减要小于 8%。相对于实心 Si 纳米颗粒而言，中空纳米 Si 球的优越性能取决于特殊的孔隙结构，其能减少向内体积膨胀效应带来的机械应力问题，从而降低 Si 颗粒开裂的可能性。

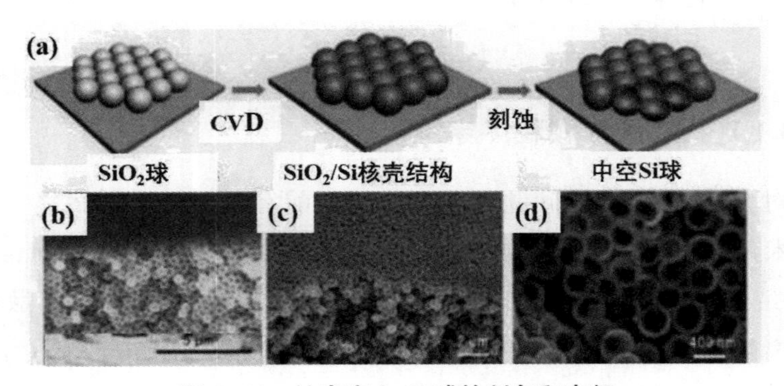

图 1-11　纳米空心 Si 球的制备和表征

1.3.1.2　纳米 Si 线（一维化）

虽然纳米 Si 颗粒可以缩短 Li^+ 的扩散距离，促进离子传输，改善对应电极的循环性能，但纳米 Si 颗粒存在比表面积大、生产成本高和操作难等缺点。比表面积大导致 Si 的首次库伦效率（CE）低，且循环过程中 SEI 膜的反复形成引起电解液中 Li^+ 的消耗增多，从而带来寿命短等问题[73]。此外，未团聚的颗粒称为一次颗粒，有团聚的颗粒称为二次颗粒。一般纳米 Si 颗粒都存在严重的团聚现象，且纳米材料本身具有较大的比表面能，在电极制备过程中容易团聚形成微米级的二次颗粒，在充放电过程中容易失去电接触而失效。因此，研究者们为了进一步提高 Si 基材料的循环稳定性和倍率性能，对纳米 Si 结构进行深入的设计，开发得到了 Si 纳米线和 Si 纳米管等特殊的一维结构。

1999 年，Zhou 等人研究了 Li^+ 在 Si 纳米线内的充放电过程中的脱嵌行为，发现 Li^+ 嵌入会破坏 Si 的晶体结构，锂离子脱出 Si 的结构出现局部有序化的变化趋势[74]。2007 年，崔毅等人对 Si 纳米线材料的制备工艺进行了系统摸索和精确调控，通过气—液—固法（VLS）在不锈钢基底上首次直接生长出了半径大小约为 89 nm 的 Si 纳米线。由于其特殊的一维阵列结构，纳米线之间的疏松空隙可以为 Li 合金化过程中的体积膨胀提供径向和轴向的缓冲空间，具有较强的抵抗机械应变能力，从而保证了材料结构在循环中的稳定性，如图 1–12（a）所示[77]。电化学性能测试表明该 Si 纳米线的首次比容量达到最高理论比容量水平，且循环 10 次后的比容量保持率约为 75%[75]。同时，崔毅团队进一步观察了不同生长取向的 Si 纳米线 Li 合金化前后的变化情况，如图 1–12（b）结果显示在 <110> 方向的 Si 纳米线体积膨胀效应是最明显的，<100> 方向次之，<111> 方向则是最微弱的，揭示了晶体 Si–Li 合金化后体积膨胀各向异性的特点，该研究结果对 Si 材料晶体维度上的结构设计具有重要指导意义[77]。

Kim 等[78]通过镁热还原法制备的 CNT@mp–Si 纳米 Si 管，其内部较大的空间有效改善了体积膨胀问题，对应的电极材料具有优异的循环性能，其放电比容量在循环 300 次后仍达到 1019 mAh/g，对应的 CE 值（库仑效率）达到 99.6%，具体如图 1–13 所示[78]。但是，Si 纳米线由于其振实密度过低而导致体积能量密度不高，并且其制备成本偏高，所以目前主要用作机理研究，短期内是难以大规模工业化生产的。

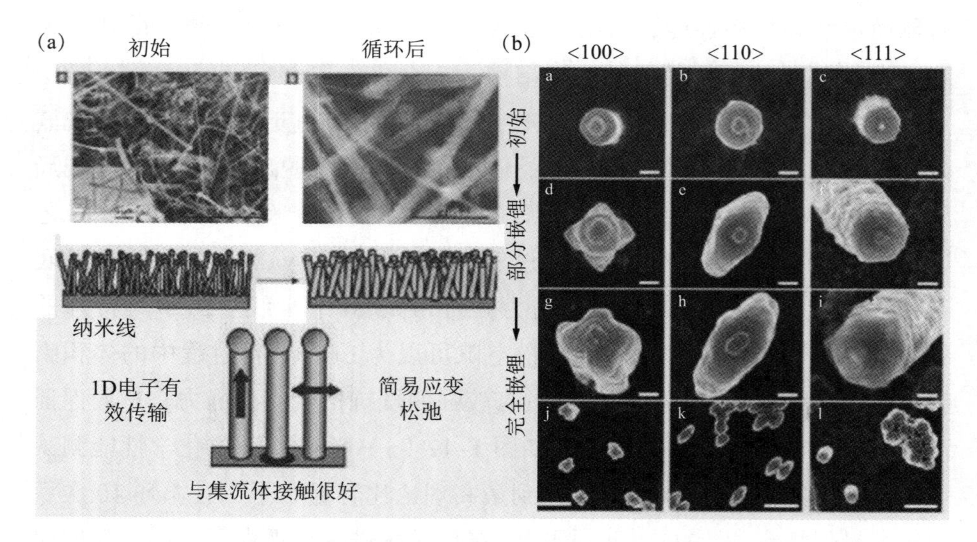

图 1-12　（a）Si 纳米线在锂合金化过程中的形貌变化图 [75] 和（b）膨胀各向异性

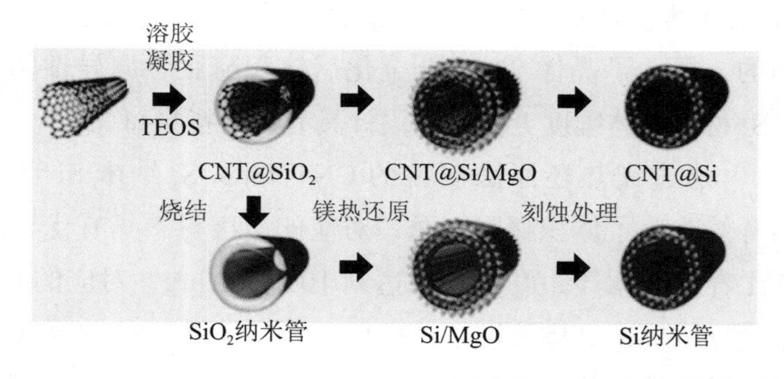

图 1-13　CNT@mp-Si 和中孔 Si 纳米管的合成示意图

1.3.1.3　纳米 Si 薄膜（二维化）

二维化的 Si 薄膜的 Li 合金化反应倾向于沿垂直于薄膜平面的方向进行，体积膨胀效应受限，一定程度上可以减少机械应力的产生，进而提高 Si 基材料的循环稳定性 [79-82]。Maranchi 等 [80] 采用磁控溅射法在铜箔上制备了厚度不同的非晶 Si 薄膜，研究了薄膜厚度与电化学性能的关系，结果表明在 C/2.5 电流密度下循环 30 次后，沉积在 Cu 箔基板上 250 nm 厚的 Si 薄膜电极的比容量达到 3500 mAh/g，如图 1-14 所示。Guo 等 [82] 利用磁控溅射法在铜箔基底上沉积了 100 ~ 530 nm 厚度不等的薄膜，充放电结果表明，随着膜厚度的增加，容量呈下降趋势，其 512 nm 厚度的膜随着循环次数的增加，容量出现迅速下降的现象。可见，纯粹的 Si 薄膜化从根本上仍不能避免 Si 在充放电过程中的颗粒破裂、脱落的问题。对 Si 薄膜进行表面包覆后，会提高电极材料的循环稳定性。Tong 等 [79] 通过磁控溅射方法成功地合成了非晶硅 / 碳（a–Si/C）多层薄膜，制备的微米级 a–Si/C 多层薄膜（1.1 mm）经过超过 200 次循环后比容量仍高达 1900 mAh/g。相比于 Si 纳米颗粒和 Si 纳米线，Si 纳米薄膜的活性材料负载量更小，仅适用于微型电池，而且其制备过程复杂，对应的制备成本高，且当薄膜的厚度增加时，电极的循环性能会变差，因此工业化的推广应用仍然比较困难。

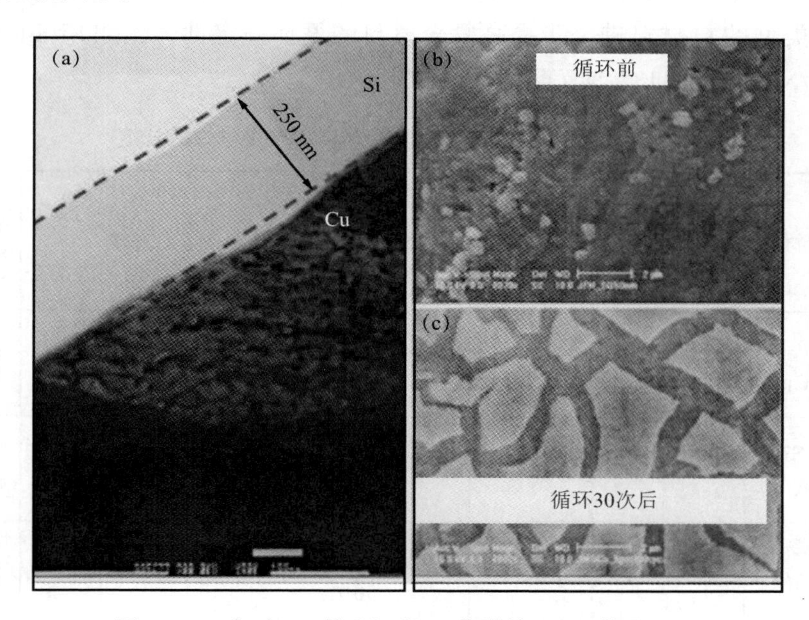

图 1–14 （a）Cu 箔上沉积 Si 薄膜的 TEM 截面图、（b）循环前和（c）循环 30 次后的 SEM 图

1.3.2 Si– 金属复合材料

在 Si– 金属复合材料体系中，与 Si 复合的金属可以分为两种：与 Li^+ 不发生反应作为惰性基体的非活性金属（Cu[83–88]、Ni[89–93]、Fe[94, 95]、Ag[96, 97] 等）

和与 Li^+ 发生反应即提供容量的活性金属（Mg[98, 99]、Sn[100, 101]、Zn[102]、Ge[103, 104] 等）。Si/ 活性金属比容量较高，但由于活性金属本身在循环过程中会出现粉化现象，因而循环性能差；而 Si/ 非活性金属复合材料中非活性金属是惰性相，因而会大大降低 Si 材料的可逆容量，但是稳定性相应会略有提高。当把 Si 与活性金属以及非活性金属一起混合形成复合物时，利用协同效应，可制备得到稳定性好且容量高的 Si 基电极材料。表 1–2 总结了典型的 Si 与金属 Cu、Ni、Fe、Sn 等金属的复合及其相应的电学性能。Si 与单一金属形成合金材料的比容量和循环稳定性仍不理想，为了进一步提高比容量和循环性能，常常要引入两种金属或者更多金属到 Si 中形成多元合金体系。在制备 Si/ 金属复合材料的同时，往往还会引入各种类型的 C 材料进一步提高复合材料的循环稳定性，比如 Si/Sn–Ni/C 和 Si/Ni3.4Sn4/Al/C 等复合材料 [105, 106]。

表 1–2　几种典型 Si/ 金属负极材料的电化学性能总结

复合材料	质量比例 [a]	初始放电容量 /（mAh/g）	循环性能 /（mAh/g）	方法	参考文献
NP–$Si_{85}Cu_{15}$	7：1.5：1.5	1713.9	820.0（1000 mA/g，100）[b]	合金精炼	[83]
Cu_xSi+Si+Cu	8：1：1	1300.0	638. 1（200 mA/g，200）	催化化学气相沉积	[84]
核壳 Si/Cu	8：1：1	1365.0	656.0（100 mA/g，50）	柔性自限表面反应	[85]
Cu_3Si/PS–Si	6：2：2	3036.4	1760.8（0.5 C，100）	化学气相沉积	[86]
Cu_3Si	7.5：1.5：1	1952.0	920.0（0.1 C，50）	高能球磨	[87]
Si–Cu_3Si	7：1.5：1.5	1225.0	850.0（100 mA/g，30）	机械球磨	[88]

续表

复合材料	质量比例[a]	初始放电容量 /（mAh/g）	循环性能 /（mAh/g）	方法	参考文献
$NiSi_x$	—	3614.5	> 3000.0（2 C，50）	化学气相沉积	[89]
$Si@NiSi_2/Ni/C$	6 : 2 : 2	1958.0	1194.0（100 mA/g，105）	热还原 + 热解法	[90]
$Ni_{0.2}Si_{0.8}$	80 : 5 : 15	1436.2	1350.0（0.2 C，50）	机械球磨	[92]
NiSi	80 : 18 : 2	1180.0	800.0（0.2 C，20）	高能球磨	[93]
Si–Fe	8 : 1 : 1	1481.0	193.0（1 C，50）	熔融纺丝工艺	[94]
$FeSi_2$+Si	75 : 5 : 20	1295.0	500.0（100 mA/g，15）	机械球磨	[95]
$Sn_{0.9}Si_{0.1}/C$	85 : 5 : 10	964.0	751.9（0.3 C，50）	退火	[100]
$Si_{70}Sn_{30}$	—	2532.0	2032.0（0.2 C，50）	烧制	[101]

注：a：“质量比例”指的是活性材料：导电剂：粘结剂。

b：“820.0（1000 mA/g，100）”表明在 1000 mA/g 下循环 100 次后放电比容量达到 820.0 mAh/g 。

1.3.3 Si–C 复合材料

C 材料在充放电过程中体积变化小[108]，将 C 与 Si 进行复合能够降低材料的整体体积变化效应，同时起到抑制活性物质颗粒团聚的作用；此外 C 的电导率较高，与常规电解液相容性好，复合材料一般具有良好的循环稳定性和优异的导电性[109, 110]。根据 C 材料的种类可分为传统和新型 C 材料两类。其中传统 C 材料主要包括石墨、中间相微球、炭黑和无定形 C。新型 C 材料主要包括 C 纳米管 / 线和石墨烯等。近些年使用新型的 C 材料制备 Si–C 复合材料受到了科研者的广泛关注和研究。根据不同的 Si–C

复合方式，Si基负极材料按照结构类型可以分为三大类：分散型Si基负极、嵌入型Si基负极和包覆型Si基负极材料。

1.3.3.1 分散型Si基复合材料

分散型Si基负极材料是一种较为宽泛的复合材料体系，包括Si与不同类型C材料的物理混合，也涵盖Si–C元素形成分子接触的高度均匀分散复合物体系。在传统C材料与Si复合时，不仅可以缓解纳米Si颗粒在充放电过程中的体积效应，还可以抑制纳米Si颗粒的团聚，从而使其保持高导电性和储锂性能。Li等[111]通过高能球磨与退火处理，得到不同质量比例的Si/石墨复合材料，结果表明，当Si与石墨比例为2：1时，首次放电比容量达到2136 mAh/g，首次CE值为85.5%，且循环35次后的可逆容量保持率为85.3%，具有良好的循环性能。Qu等[112]采用静电纺丝法以聚乙烯吡咯烷酮作为高分子聚合物配体制备了Si/C复合负极材料，其在0.1 C下循环多次后，放电比容量维持在800 mAh/g左右；当倍率提高到1 C时，放电比容量达到430 mAh/g，表现出良好的倍率性能。Holzapfel等[113]用化学沉积法将纳米Si颗粒沉积在石墨中，当Si含量的质量分数为7.1%时，其可逆放电比容量达到520 mAh/g。Yuan[114]等采用高能球磨湿法混料法将Si粉、石墨、热解前驱体均匀混合在一起，高温热解后得到复合结构是Si粉和石墨均匀地分散在热解C形成的3D导电网络中，其首次可逆比容量为864 mAh/g，库仑效率达到69%，循环30次后可逆比容量为757 mAh/g，对应的比容量保持率为88%。Wang等[115, 116]利用CVD法在Si纳米线表面沉积了多层且封闭的石墨烯片，这种Si纳米线与石墨烯复合的负极材料，在2.1 A/g的电流密度下，循环100次后仍有1600 mAh/g的可逆容量，容量保持率为80%。

1.3.3.2 负载型Si基复合材料

负载型Si基负极材料通常是在不同结构的C材料结构（C纳米管、石墨烯和C纳米线等结构）的内部或者表面，负载或者嵌入Si纳米颗粒等。在这种负载型的Si–C复合材料结构，C材料起到支撑结构稳定的力学作用，而且其良好的机械性能和导电性能有利于Si材料循环过程中体积变化效应的缓冲和电子导电率的提高。Luo 等[117]制备了一种新型独立的无粘结剂的 Si/ 石墨烯复合电极材料，Si 纳米颗粒可以通过结合凝胶涂层和还原反应均匀地插入到石墨烯片层的孔隙中，避免了 Si 纳米颗粒与电解质直接接触，保持复合膜电极结构的机械稳定性。电化学测试结果表明，循环 1300 次后放电比容量为 668 mAh/g，显示出优越的循环性能。Lee 等[118]将纳米 Si 粉、多壁碳纳米管和苯乙烯 – 丙烯腈共聚物分散在二甲基甲酰胺溶液中，再将聚苯胺的二甲基甲酰胺溶液加入上述溶液中，通过静电纺丝制备得到了多壁碳纳米管 – 硅 / 碳纳米纤维复合物，复合结构中的纳米 Si 颗粒很好地被 C 纳米纤维包裹在里面，避免了 Si 与电解液直接接触，其循环 45 次后比容量达到 911 mAh/g，如图 1–15 所示。Kong 等[119]用静电纺丝法得到了 PAN–Si 纳米纤维，再在其上包覆一层聚多巴胺，然后在二甲基甲酰胺中浸泡除去 PAN 后经过碳化处理得到了中空结构的 Si/C 纤维复合材料，在 50 mA/g 下循环 50 次后的比容量保持率为 72.6%，循环稳定性较好。

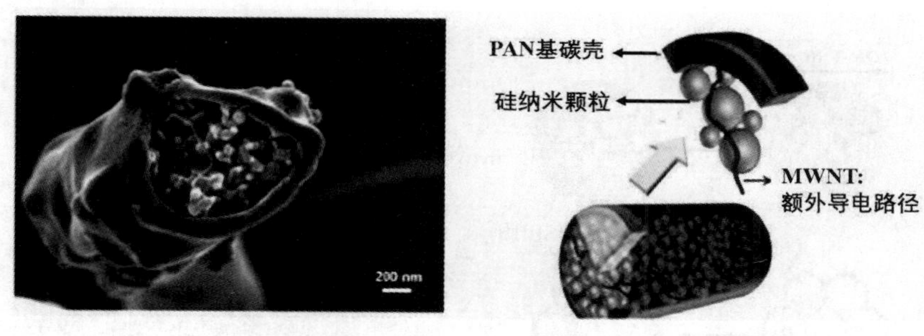

图 1–15　多壁碳纳米管 – 纳米硅 / 碳纳米纤维的结构示意图

1.3.3.3　包覆型 Si 基复合材料

包覆型 Si 基负极材料通常是指将不同类型的 Si 结构进行 C 包覆，这类复合材料以 Si 材料为主体，其可以提供大的比容量，C 包覆层通常是无定型层，其作为结构表面的缓冲层可以减轻体积膨胀，具有维持复合材料结构稳定性的作用，同时还具有提高导电性的作用。Yu 等[120]用动态化学气相沉积法在纳米 Si 颗粒表面均匀地包覆一层 C，并通过控制反应时间来调节 C 层厚度，最优 C 层厚度为 12 nm 左右的样品循环 70 次后比容量约为 1600 mAh/g。最典型的包覆型结构是崔毅团队设计的石榴状纳米 Si–C 结构[121]，如图 1–16（a）所示，首先实心纳米 Si 颗粒外层包覆了有膨胀空间的 C 层，然后多个颗粒复合组装，再在其表面包覆一层 C 层，最终形成微米级的实心核壳 Si–C 颗粒。经过循环后颗粒表面形成稳定的 SEI 膜，循环 1000 次后比容量可达 1160 mAh/g，CE 达到 99.87%。Liu 等[122]设计了如图 1–16（b）所示的蛋黄中空结构，空隙空间允许 Si 颗粒自由膨胀而不破坏外部碳壳，因此可以稳定壳体表面上的固体电解质界面，该蛋黄壳结构的 Si 电极中在 C/10 时约 2800 mAh/g，循环 1000 次后的容量保持率为 74%，CE 高达 99.84%。Xie 等[123]设计出了如图 1–17 所示的一种新型实心蛋黄壳 Si@C@void@C 复合材料，与 Si@void@C 材料相比，得到的 Si@C@ void@C 结构不像蛋黄一样切断，这种额外的内部 C 壳结构可以为 Si 核之间提供更好的电子传输和外部 C 壳，具有更小的电荷转移阻抗。同时，内外碳壳共同作用，可完全覆盖实心 Si 颗粒，从而防止电极材料与电解质直接接触而发生不可逆反应，其初始充电比容量高达 1910 mAh/g，循环 50 次后仍保持 71% 的比容量。

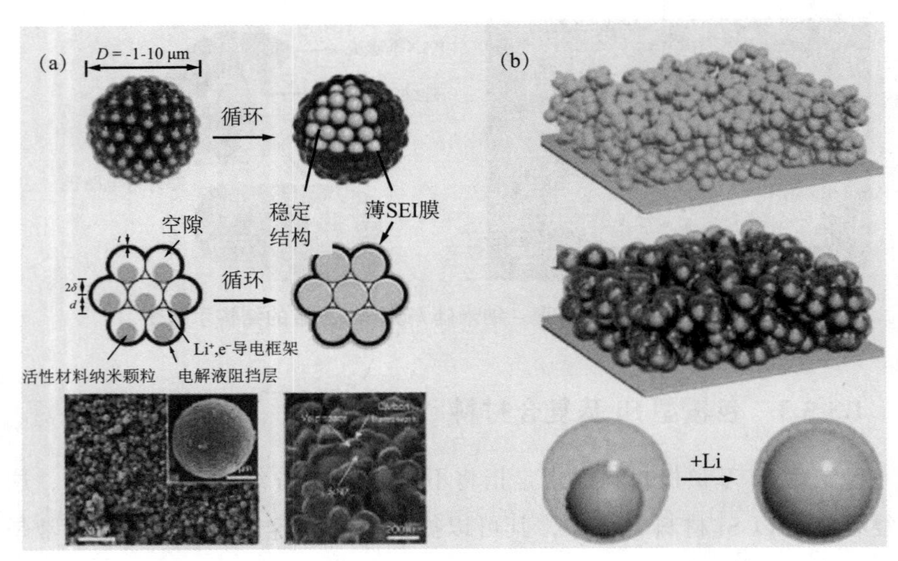

图 1–16　（a）石榴灵感设计和（b）Si@void@C 蛋黄结构的示意图

上述纳米实心核壳结构虽然能够改善 Si 材料的电化学性能，但随着循环次数的增多，实心 Si 颗粒仍会面临体积膨胀问题，包覆表面的材料往往会产生裂纹从而散失特有的结构功能。同时，相比于纳米 Si 颗粒而言，微米 Si 颗粒拥有高的振实密度和体积比容量，且不存在纳米 Si 颗粒团聚的问题。但是微米块状颗粒尺寸过大，颗粒容易发生破裂，由菲克定律可知 Li^+ 的扩散距离更长，会导致电极材料的循环稳定性很差。而新型的微米级纳米多孔 Si 材料中的一次纳米孔颗粒不仅可以缩短 Li^+ 扩散距离，还可以有效缓冲体积变化效应，同时其微米尺寸的二次颗粒又能保证 Si 电极材料的高压振实密度和体积比容量。因此，近年来，微米级的包覆型多孔 Si-C 复合材料成为广大学者的研发热点，成为 Si 基负极材料最有潜力的发展方向之一。

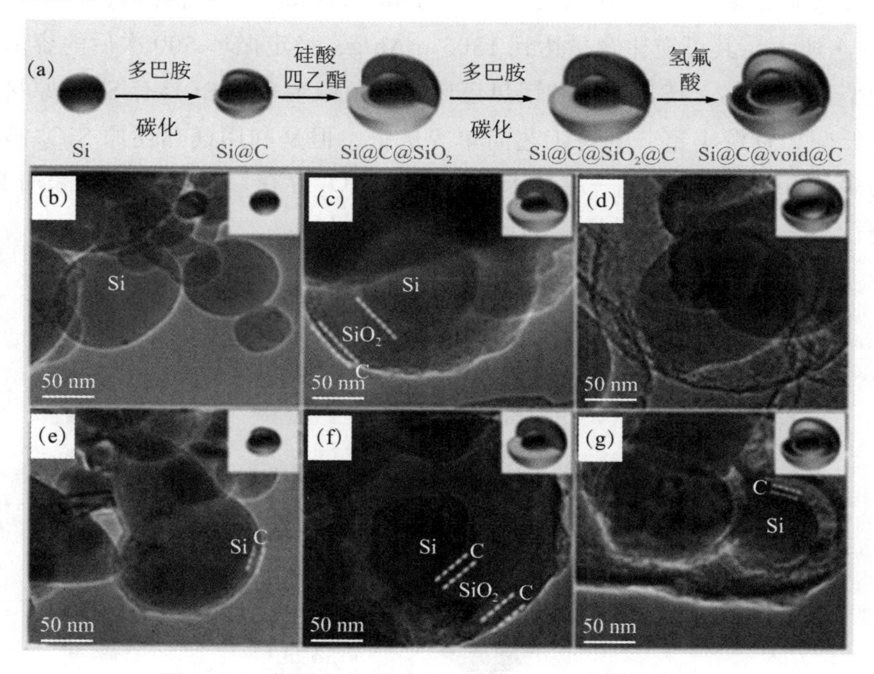

图 1-17　新型实心核壳 Si@C@void@C 的示意图

目前，制备微米级多孔 Si 的方法主要有 SiO_x 歧化反应 [124-126]、镁热还原反应 [127-131]、金属辅助刻蚀法 [132-134] 和 Si 基金属去合金化刻蚀 [135-144] 等。Park 等 [124] 研究表明经过歧化反应后 nano-Si/SiO_x/graphite 复合材料的循环性能优于未歧化的 milled-SiO/graphite 材料。Morita 等 [125] 用歧化反应的 SiO_x 和糠醇的聚合反应制备出纳米 Si/SiO_x/C 复合材料，200 次循环后仍有 700 mAh/g，该循环性能的提高归因于纳米 Si 颗粒在 Si 氧化物中的高度分散。Yu 等 [126] 对歧化处理的 SiO_x 材料，用 NaOH 溶液腐蚀去除氧化 Si 基体中的部分纳米 Si 颗粒，最终得到多孔 Si/SiO_x 复合材料，该电极材料循环 100 次后比容量保持在 1242 mAh/g 左右。Zong 等 [127] 将微米 Si 与水球磨反应得到 SiO_x，经歧化反应和 HF 刻蚀后，优化制备得到孔隙度达到 0.70 的多孔 Si 结构，如图 1–18（a）所示，其与石墨烯和 C 纳米管复合后的电极材料首次库仑效率高达 89.5%，在 5C 电流密度下的达到 880 mAh/g。Feng 等 [128] 通过镁热还原法制备得到如图 1–18（b）所示的多孔 SiO_x/Si/C 复合材料，该材料的可逆容量为 1250 mAh/g，经过 100 次循环后比容量保持率为 90.9%，具有较好的倍率和循环性能。宁德时代新能能源公司 [129] 制备的中空结构 SiO@void@C 复合材料，如图 1–18（c）所示，其可逆比容量达到 1305 mAh/g，稳定循环 500 次后的容量保持率达到 54%。歧化反应和镁热还原法制备微米多孔 Si 具有 SiO_2 原料成本低廉、资源丰富、制备工艺简单等优势，但是利用镁热还原 SiO_2 制备的多孔 Si 中往往含有一定量未被反应的 SiO_2 存在，且打孔一般采用 HF 进行酸洗处理，带来了一定的环境和安全压力。

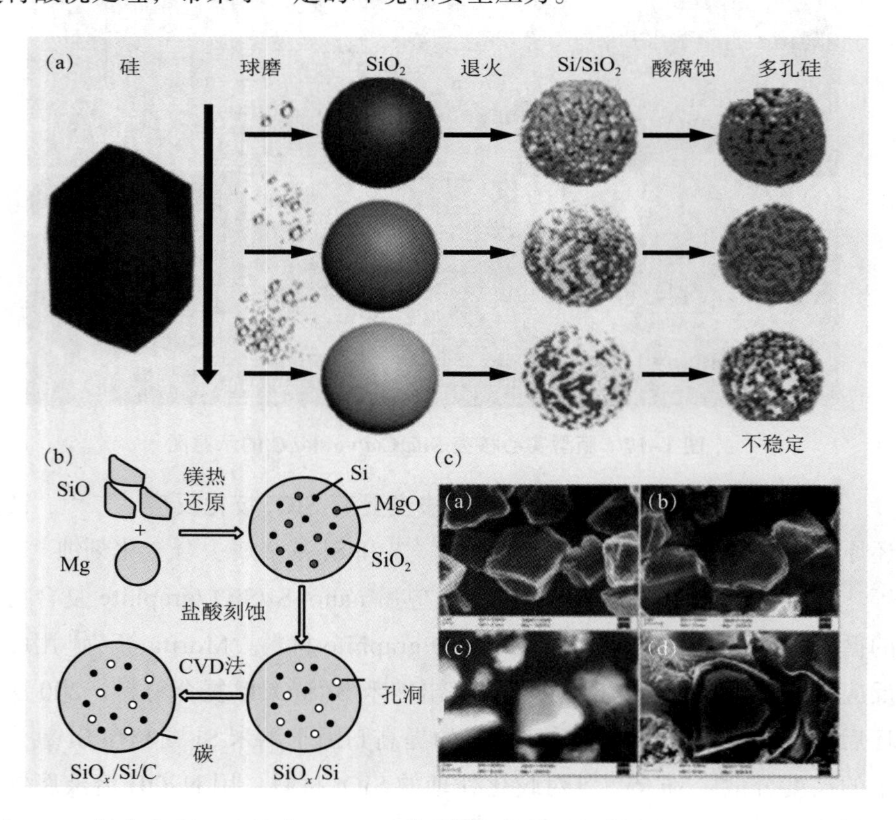

图 1–18　（a）多孔 Si、（b）SiO_x/Si/C 的制备示意图和（c）SiO@void@C 的 SEM 图

Bang 等[132]利用 Ag 作为金属催化剂，在 HF 和 H_2O_2 的混合液中诱导腐蚀微米 Si 颗粒，得到如图 1–19 所示的多孔 Si 颗粒，对其包 C 处理后的核壳复合材料的首次比容量达到 2050 mAh/g，50 个循环后的比容量保持率为 87%。Ge 等[133，134]利用 Ag 作为金属催化剂处理得到具有多孔结构的纳米 Si，再用 CVD 法制备得到多孔 Si/C 复合材料，其在 0.5 C 下循环 200 次后仍有 945 mAh/g 的可逆比容量。近几年来，去合金化腐蚀法制备多孔 Si 已经在 Si 基负极材料领域得到了广泛关注[135–144]。Tian 等[135]将大量低成本 Al–Si 合金铸锭通过酸刻蚀、高能球磨和碳化处理合成了如图 1–20 所示的由 20 nm C 包覆的由二次纳米 Si 颗粒组成的微米尺寸 Si/C 复合材料，在电流密度 50 mA/g 下的初始比容量为 1182 mAh/g，300 个循环后容量保持率达到 86.8%。Qian[136]等以 Al–Si 合金为原料，去合金化腐蚀后制备得到了 5 ~ 10 μm Si/C@TiO_2 复合材料，循环 100 次后比容量达到 1077.3 mAh/g。Su[137]等使用化学气相沉积法制备得到颗粒尺寸大于 10 μm 的多孔 Si@C 复合材料，其在 0.05 A/g 下 50 次循环后比容量达到 1240 mAh/g。

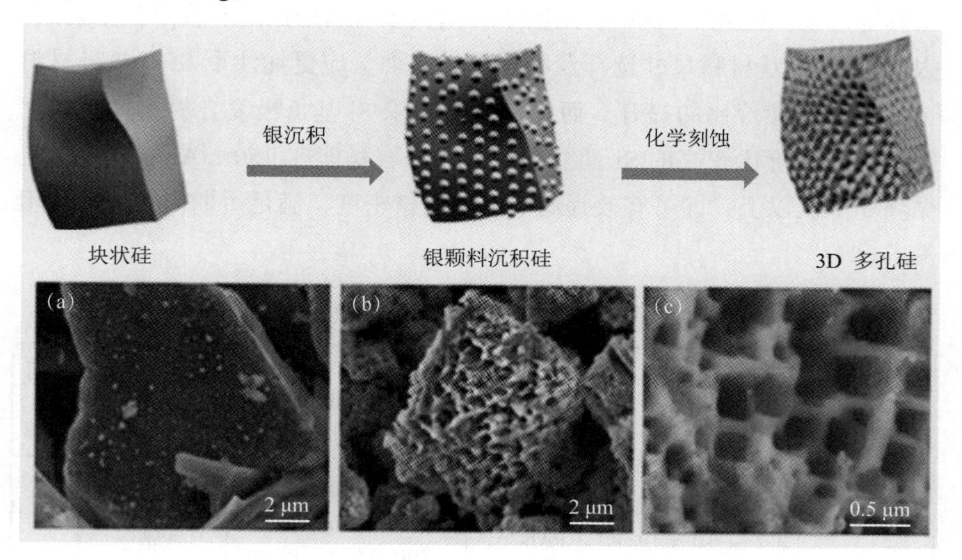

图 1–19　金属银诱导刻蚀 Si 的示意图

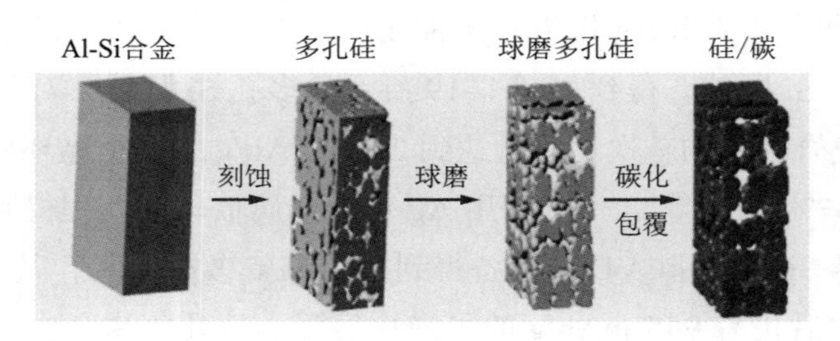

图 1-20　多孔 Si/C 复合材料的制备示意图

微米级包覆型多孔 Si-C 复合材料成为当下研究热点，表 1-3 总结了几种典型的 Si-C 复合负极材料制备及电化学性能情况。新型微米级多孔 Si 材料中的一次纳米颗粒孔洞可以缩短 Li^+ 扩散距离，提高其倍率性能，又能有效缓冲体积膨胀问题，同时微米尺寸的二次颗粒又能保证 Si 电极材料的高压振实密度和体积比容量。目前商业化的可逆容量在 450 mAh/g 以下的 C 包覆 SiO、纳米 Si-C 复合材料在循环性、倍率特性等方面基本能满足应用要求，大部分进入产业中试阶段，部分已开始小批量进入电动工具等市场。但 450 mAh/g 以上的 Si 基负极材料应用还有很多技术挑战。因此，在 Si 基材料尺寸选择及结构设计方面，应更加注重 Si 基负极材料选择及制备性价比的提升，而无需片面追求 Si 基负极复合材料过高的比容量，当性价比较高的 Si 基复合材料的比容量能在 750 mAh/g 左右稳定循环 300 次以上，即可有效提高电池的能量密度，满足短期内的市场应用需求。

表 1-3　锂离子电池硅 / 碳负极材料的电化学性能

复合材料类型	硅源	碳源	电化学性能	制备方法	参考文献
多孔硅碳	铝硅合金（2 ~ 10 μm）	聚丙烯腈（PAN）	952 mAh/g（1st） 826.3　mAh/g （200 mA/g，300）[a]	化学刻蚀 + 热解	[135]
多孔硅碳	铝硅合金（2 ~ 10 μm）	间苯二酚 + 甲醛	1601 mAh/g（1st） 1240 mAh/g （50 mA/g，50）	化学刻蚀 + 热解	[137]

续表

复合材料类型	硅源	碳源	电化学性能	制备方法	参考文献
硅 / 石墨烯	铝硅合金（1 ~ 3 μm）	石墨	1600 mAh/g（1st）1500 mAh/g（100 mA/g，100）	化学刻蚀 + 热解	[143]
硅 / 多孔碳	纳米硅	沥青	723.8 mAh/g（1st）600 mAh/g（100 mA/g，100）	喷雾干燥 + 热解	[145]
硅 @ 碳 @ 还原石墨烯	纳米硅（80 nm）	蔗糖	1599 mAh/g（1st）1517 mAh/g（100 mA/g，100）	喷雾干燥 + 热解	[146]
硅碳	硅颗粒（325 目）	酚醛树脂（PFR）	700 mAh/g（1st）550 mAh/g（100 mA/g，40）	热解	[147]
硅海绵	硅片（>20 μm）	乙炔	790 mAh/g（1st）726 mAh/g（100 mA/g，300）	电化学刻蚀 + 热解	[148]
多孔硅 @ 碳	硅颗粒（5 μm）	丙烯	1980 mAh/g（1st）1287 mAh/g（100 mA/g，100）	化学刻蚀 + 化学气相沉积	[149]

注：a：“952 mAh/g（1st），826.3 mAh/g（200 mA/g，300）”表明在 200 mA/g 下，第一圈的放电比容量是 952 mAh/g；循环 300 圈后的放电比容量达到 826.3 mAh/g

1.4　本研究的研究目的和研究内容

相比于商用石墨负极材料（372 mAh/g），Si 材料具有理论嵌锂比容量高（4200 mAh/g，对应 $Li_{22}Si_5$ 合金相）、电压平台低和地球资源丰富等优势，是下一代最具潜力的负极材料。然而，Si 材料在循环过程中存在一些瓶颈问题：一是在反复脱嵌锂过程中发生巨大的体积变化，导致 Si 负极材料循环稳定性较差；二是 Si 材料的本身导电性差，不利于电极材料电子的传导；三是目前中试产业化使用的纳米 Si 原料及匹配的复合材料制备成本高，这些问题都限制了其在工业生产上的快速推广。

为了解决 Si 材料存在的以上问题，广大研究者从颗粒尺寸、复合改性和结构设计等方面进行了大量的研究，主要集中在纳米尺度上的复合结构设计，发现当匹配合适的粘结剂和导电剂，可有效的缓冲膨胀效应，提高电极材料的电化学性能。但是其工业化应用进程仍然很缓慢，主要受制于纳米 Si 材料存在比表面积大、表面 SEI 膜不稳定、颗粒易团聚、体积比容量低、振实密度低、制备成本高等问题。目前，新型微米级多孔 Si–C 复合材料逐步受到研究者的关注，归因于该复合结构中一次纳米颗粒不仅可以缩短 Li^+ 扩散距离，还可以缓冲体积变化效应，同时微米尺寸的二次颗粒又能保证电极材料具有高的振实密度，提高能量密度。因此，本课题为了实现微米级 Si 基材料的推广应用，期望用低成本的微米 Si 原料，通过简易工艺流程制备出电学性能优越的 Si 基复合材料，为后续研究工作和行业发展提供阶段性的理论依据和数据支撑。

本研究的逻辑结构关系如图 1–21 所示，主要研究内容包括以下几个部分：

（1）选用光伏产业中金刚线切割废微 Si 粉为原料，设计预处理工艺，研究 Si 粉表面改性处理对电化学特性的影响机理。研究不同质量比例下分散型 Si/C 复合材料的结构、形貌对电化学性能的影响规律。

（2）从环保和短流程角度，优化 Si 粉表面改性预处理工艺及作用机制。提出利用 $NaNO_2$ 作催化剂的打孔方法，设计包覆型 Porous Si@SiO_2@C 复合材料，并研究不同复合结构下的电化学特性变化规律。

（3）选择价格低廉的 Al–Si 合金粉为原料，通过去合金化、预氧化和高温碳化的简易工艺流程，设计双壳层约束的珊瑚状包覆型 Porous Si@SiO_2@C 复合材料，深入研究珊瑚状多孔结构中初晶 Si 和共晶 Si 组织对电化学特性的作用机理。

（4）系统研究珊瑚状 Porous Si@SiO_x 复合材料的孔隙率、导电位点和 SiO_x 层的关联作用对电化学特性的影响规律；研究了 SiO_x 层中 Si 价态组成和占比对电化学特性的影响机理。针对 Al–Si 去合金化后形成 $AlCl_3$ 溶液的再生利用问题，系统研究了自组装反应中反应体系、反应温度、反应时间和活性剂 PVP 等对 Al–MOF 结构、形貌及电化学性能的影响规律，期望实现该副产物的循环利用。

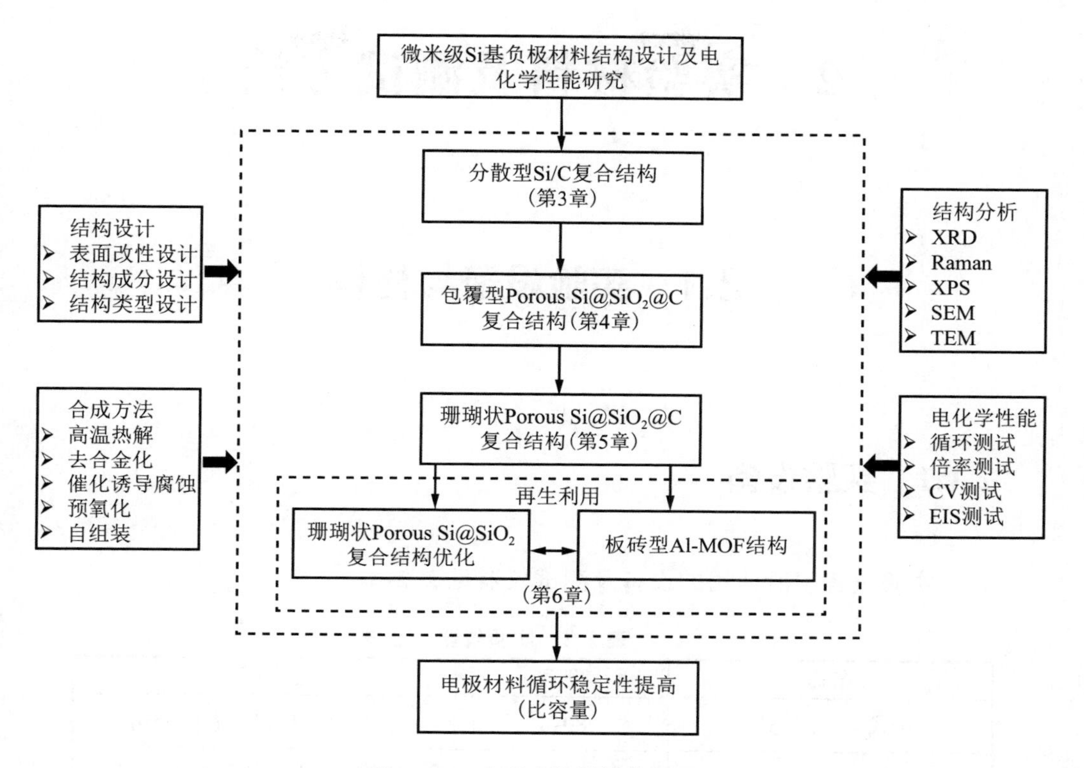

图 1-21　本研究的结构关系图

2　实验材料及测试方法

2.1　实验设备与材料

2.1.1　实验设备

实验过程中所使用的设备及测试仪器见表 2–1。

表 2–1　实验仪器

名称	型号	生产厂家
台式低速离心机	80–1	金坛市科析仪器有限公司
横式管式炉	KSL–60–11	山东龙口先科仪器有限公司
反应釜	100 mL	上海棱标仪器有限公司
恒温加热磁力搅拌器	DF–101S	巩义市予华仪器有限责任公司
鼓风干燥箱	DHG–9031A	上海浦东荣丰科学仪器厂
真空干燥箱	DZF–6030	上海精宏实验设备公司
超声清洗仪	VGT–1860QT	广东固特超声股份有限公司
手套箱	MKUS2–1809–0094	上海米开罗那有限公司
电化学工作站	CHI660E	上海辰华仪器有限公司
蓝电测试系统	CT2001A	武汉蓝电电子股份公司
手动冲孔机	T7141003	合肥科晶材料技术有限公司
电池封装机	MSK–110	合肥科晶材料技术有限公司

续表

名称	型号	生产厂家
X 射线衍射仪	XRD–6000	日本岛津制造所
扫描电子显微镜	ZEISS SUPRA 55	德国 Zeiss 公司
透射电子显微镜	Tecnai F30	荷兰 FEI 公司
X 射线光电子谱仪	ESCALAB250Xi	美国赛默飞世尔公司
BET 等温吸附测试	AUTOSORB–IQ–C	美国 QUANTOCHROME 公司
粒度分析仪	Zeta Sizer Nano ZS	Malvern 公司
拉曼光谱仪	Renishawinvia	英国雷尼绍公司
傅里叶变换红外光谱仪	Nicolet iN10	美国赛默飞世尔公司
热重分析仪	TGA/SDTA851e	瑞士梅特勒公司
电感耦合等离子体质谱仪	SN02257R	美国 PE ELAN DRC–2

2.1.2 实验材料

实验过程中使用的主要原材料和化学试剂详见表 2–2。

表 2–2 实验材料

试剂	化学式 / 缩写	规格	生产厂家
硅粉	Si	微米级 / ＜ 2N	大连隆田有限公司
石油沥青粉	PA	微米级	辽宁奥亿达新材料有限公司
铝硅合金	Al–Si	微米级	湖南吉唯信金属粉体公司
聚丙烯腈	$(C_3H_6N)_n$/PAN	分析纯 /150 000	麦克林试剂网
聚乙烯吡咯烷酮	$(C_6H_9NO)_n$/PVP	分析纯 /K30	麦克林试剂网
对苯二甲酸	$C_8H_6O_4$/PTA	分析纯	阿拉丁试剂网
二甲基甲酰胺	$HCON(CH_3)_2$/DMF	分析纯	天津市富宇精细化工公司
亚硝酸钠	$NaNO_2$	分析纯	天津市大茂化学试剂厂
羧甲基纤维素钠	CMC	工业级	苏州多多化学科技有限公司

续表

试剂	化学式 / 缩写	规格	生产厂家
聚偏氟乙烯	PVDF	工业级	上海东氟化工有限公司
乙炔黑	C	工业级	天津亿博瑞化工有限公司
N- 甲基吡咯烷酮	NMP	工业级	上海化学试剂
四氢呋喃	C_4H_8O	工业级	天津市富宇精细化工公司
氢氟酸	HF	优先级 /40%	天津市大茂化学试剂厂
硝酸	HNO_3	分析纯 /68%	天津市大茂化学试剂厂
盐酸	HCl	分析纯 /37%	辽东试剂公司
双氧水	H_2O_2	分析纯 /38%	辽东试剂公司
常规电解液	1 M $LiPF_6$ 在 EC/DEC（1：1）	工业级	东莞杉杉电池材料有限公司
定制电解液	1 M $LiPF_6$ 在 EC/DMC（1：1）+10%FEC	工业级	苏州多多化学科技有限公司
隔膜	PP Celgard 2400	工业级	美国 Celgard 公司
锂片	Li	分析纯	上海顺有金属材料有限公司
泡沫镍	Ni	工业级	苏州泰力泡沫金属厂
铜箔	Cu	工业级	深圳市双海贸易有限公司
氩气	Ar	分析纯	大连光明气体

2.2 材料表征与分析

2.2.1 X 射线衍射分析

X 射线衍射（XRD）分析是利用高速运动电子轰击下跃迁产生的 X

射线在晶体材料中衍射方向和强度不同的效应去确定材料的物相结构。满足衍射条件下的布拉格公式：$2d\sin\theta=n\lambda$，已知 X 射线波长来测量 θ 角，从而计算出晶面间距 d，进而用于 X 射线结构分析。本研究中使用的 XRD 检测设备是日本岛津生产的 XRD6000 衍射仪，以 Cu 靶 Kα 射线为辐射源（λ=0.154 nm），管电压 40 kV，管流为 40 mA，扫描速度为 4°/min，扫描范围为 $5° \leqslant 2\theta \leqslant 90°$。XRD 图谱通常利用 MDI Jade 软件和标准 PDF 卡辅助处理和分析。

2.2.2 扫描电子显微镜分析

扫描电子显微镜（SEM）是利用聚焦电子束在样品表面扫描时激发出来的各种电子信号，特别是二次电子信号，通过相应的接收器接收放大后成像，可以观察到样品的微观形貌、颗粒大小及分布均匀性等信息。本研究中使用的扫描电子显微镜是德国生产的 ZEISS SUPRA 55 型场发射电镜，其具有束流稳定、分辨率高等优点，加速电压范围为 0.02 ~ 30 kV，放大倍率可高达 30 万倍，可同时对导电样品及非导电样品进行高分辨成像和成分分析。此外，设备附带能谱分析仪（EDS），利用不同元素的 X 射线光子特征能量不同，能够定向和定量对样品表面元素进行表征。设备检测试验的制备方法简单，只需要将适量粉末样品粘在导电胶布上，吹掉浮样粉末，然后抽真空就可进行测试。

2.2.3 透射电子显微镜分析

透射电子显微镜（TEM）是利用电子束经过电场加速、透镜聚焦后投射到薄的样品上，电子和样品中的原子发生碰撞作用，使得电子束发生变化，产生立体角散射，而散射角的大小和样品的厚度、密度等属性相关，因此可以形成明暗不同的影像，可以得到样品的形貌、表面层分布以及晶体结构等信息。本研究中所使用的透射电子显微镜的型号为荷兰 FEI 公司生产的 Tecnai F30，其分辨率为 0.1 ~ 0.2 nm，放大倍数可达到 100 万倍，工作电压可高达 200 kV。附带 X 射线衍射谱仪的选区电子衍射（SAED）可用来分析晶体结构。透射电镜检测对样品制备要求极高，粉末样品的制备方法如下：先用镊子取极少量粉末，放入装有乙醇分散剂的塑料瓶内。然后，超声分散 30 min，制得有丁达尔效应的悬浮液。最后，用专门的铜网在悬浮液中蘸取样品，将铜网放在滤纸上，干燥后以备检测。

2.2.4 热重分析

热重量分析简称热重分析（TGA），是在程序控制温度下，测量物质的质量与温度或时间关系的方法，来揭示反应过程中物质发生的变化，是一种常用的热分析技术。进行热重量分析的仪器，称为热重仪，主要由三部分组成：温度控制系统，检测系统和记录系统。本研究采用瑞士梅特勒公司 TGA/SDTA851e 型热重分析仪，测试条件为：在 Ar 保护气氛下，以 10 ℃/min 的加热速度升温到 1000 ℃。差热分析（DSC）是在程序温度控制下，测量样品与参考物之间的热流差，以表征所有与热效应相关的物理和化学变化，其测试条件为：在 Ar 保护气氛下，以 5 ℃/min 的加热速度升温到 600 ℃。

2.2.5 拉曼光谱分析

拉曼光谱（Raman）是一种散射光谱，入射光子与分子发生非弹性散射，发生相互作用后会产生与光源频率不一样波长的散射光。根据这种拉曼散射效应，对与入射光频率不同的散射光谱进行分析以得到分子振动、转动方面信息，可应用于分子结构研究。本研究采用英国雷尼绍公司的 Renishaw inVia 型拉曼散射仪进行材料物相分析，其采用的光源波长为 633 nm，扫描范围为 100 ~ 2000 cm^{-1}。

2.2.6 比表面积分析

多点 BET 测试理论是基于多分子层吸附模型，并推导出单层吸附量 V_m 与多层吸附量 V 间的关系式，并被广泛应用于颗粒表面吸附性能研究，可以测试多孔材料的比表面积、孔径、孔体积等信息，对于研究多孔物质的属性具有重要作用。氮气吸脱附实验主要原理是当被测样品具有孔结构，会有滞后环的形成。这种滞后环的形成和材料所具有的毛细管状的微孔结构有关，从而根据 BET 方程，可以计算确定材料的比表面积和孔径分布。本研究中样品是在 AUTOSORB-IQ-C 型设备上进行检测的。

2.2.7 X 射线光电子能谱分析

X 射线光电子能谱（XPS）分析是利用高能 X 射线激发样品表面原子或分子的内层电子而放射出光电子，并通过测量光电子的能量以及脉冲强度来确定样品中的元素信息。这种先进的分析技术不仅能提供各种化合物的元素组成、含量、化学状态、分子结构、化学键等方面的信息，还能给出样品表面、微小区域和深度分布方面的信息。本研究中使用 Thermo Scientific ESCALAB250Xi 仪器，光源是单色 Al Kα 源，能量为 1486.6 eV，扫描模式为 CAE，采集范围为 0 ~ 1350 eV。

2.2.8 电感耦合等离子体质谱仪

电感耦合等离子质谱仪（ICP-MS）是一种将电感耦合等离子体技术和质谱分析相结合的分析仪器，能够同时测定几十种无机元素，可以测量 ppm 及 ppb 以下浓度的微量元素。ICP-MS 工作原理是：雾化器将溶液样品送入等离子体光源，在高温下汽化，解离出离子化气体，通过铜或镍取样器收集的离子，在低真空约 133.322 Pa 压力下形成分子束，再通过 1 ~ 2 mm 直径的截取板进入四极质谱分析器，由滤质器经过质量分离，到达离子探测器，根据探测器的计数与浓度的比例关系，可测出元素的含量。

送样检测之前样品需要进行制样处理：取在干燥的 Si 粉 0.5 g 左右，将样品浸入到一定比例 HF 与 HNO_3 的混合溶液中直至完全溶解，然后对溶液进行加热使其中的酸完全蒸发，最后用去离子水稀释 30 ~ 40 倍形成液体检测样品。

2.3 电化学性能测试

2.3.1 电极的制备

本研究组装的是 2025 型纽扣半电池，金属锂片作为参比电极。电极的制备过程如下：首先将活性材料、导电剂（Super-P）和粘结剂（CMC 或 PVDF）以一定质量比例分散于去离子水或 NMP 中，搅拌均匀后形成浆料。然后，用 100 μm 的涂布器，将浆料均匀的涂布在 12 μm 厚的铜箔上，在 120 ℃ 下真空干燥 12 h。将烘干后的铜箔用切片机冲成直径为 14 mm 的电极片，称重放入手套箱中。纽扣电池的组装是在含水量和含氧量均低于 0.01×10^{-6} 的手套箱中完成的，以自制的电极片为正极，金属锂片为负极，使用的电解液为 1 M $LiPF_6$ 溶于 EC 和 DEC（体积比为 1 : 1）+ 10%FEC 混合溶液，其组装过程如下：依次放置正极壳、中心一滴电解液、自制电极片、隔膜、电解液、金属锂片、泡沫镍、负极壳，加压密封，组装成 CR2025 型纽扣电池。静止 12 h 待用。

2.3.2 循环及倍率测试

循环性能测试是指在恒定的电流密度下，对电池进行充电和放电测试，得到电池比容量和循环次数的关系。判断电池的循环稳定性。同一个循环中的充电和放电比容量的比值是 CE，还可以得到充放电曲线数据。倍率性能是在不同电流密度下进行电池的充放电。本研究中所有电池循环性能和倍率性能的测试均采用武汉蓝电电子股份有限公司生产的CT2001A型电池测试系统。所有电池的测试过程均置于恒温箱内，温度为25 ℃。测试的电压范围为0.01 ~ 3.0 V。

2.3.3　循环伏安测试

循环伏安法（CV）是一种重要的电化学研究方法，在电极上施加恒定速度变化的线性扫描电压，记录电流随电压的变化曲线，得到不同电压下电极材料氧化还原电流的大小和方向，来判断在电极上交替发生的不同还原和氧化反应。根据曲线形状、峰位置可以判断电极反应的可逆程度、相界吸附或新相形成的可能性。从循环伏安法图谱中氧化和还原峰的强度和对称程度。可以确定制备样品表面反应的可逆程度。若曲线氧化和还原峰的对称程度好，两峰的电位差越小，表示充放电过程物质氧化还原反应的可逆性越好。本研究采用上海辰华公司生产的CHI-660E电化学工作站，测试电压范围为0.01 ~ 3.0 V，扫描速度为0.1 mV/s。

2.3.4　电化学阻抗测试

电化学阻抗测试（EIS）是给电化学系统施加一个交流微扰电信号，来观测系统的响应，进而利用响应电信号来分析电极材料在充放电过程中的动力学、电荷传输阻力及反应机理。一般的交流阻抗谱的曲线由两部分组成：高频区，在曲线上一般表现为半圆形，对应于电荷在电解液中发生的传输而导致的阻抗；低频区，在曲线上一般表现为倾斜直线，对应于锂离子在电极材料中脱锂 – 嵌锂过程导致的阻抗。锂离子的扩散系数越大，其扩散能力越强，脱锂 – 嵌锂过程也更容易进行。本研究中使用的仪器为CHI-660E电化学工作站，偏振压为5 mV，频率为10^{-2} ~ 10^{5} Hz。

3　分散型 Si/C 复合材料的制备及电化学性能研究

3.1　引言

针对 Si 基负极材料存在的体积膨胀和导电性差的问题，研究者们做了大量的探索研究。通过制备各种类型的纳米级 Si–C 复合材料，再配套合适的粘结剂和导电剂，有效改善电极材料的电化学性能。尽管目前纳米 Si 材料制备的技术手段很多，包括化学气相沉积、镁热还原技术、激光/电火花技术、磁控溅射技术和直流电弧等离子体等，但这些技术一般都需配套专门的高端设备，加工工艺复杂，且产量也不高。此外，纳米 Si 材料存在比表面积大、表面 SEI 膜不稳定、容易发生团聚和振实密度低等问题，严重制约了其工业化的推广应用进程。因此，寻找成本更低的微米 Si 源，通过设计简易工艺方法并制备出微米级 Si–C 复合材料具有重要的阶段性战略意义。

随着全球光伏发电行业快速发展，在金刚线切割 Si 铸锭获得 Si 片的同时，每年在中国市场产生的附产物 Si 浆料就接近 20 万 t，这些“光伏固废”严重污染了环境，且其作为低价值产物很难被有效回收，已经成为制约光伏行业快速发展的一大问题。因此，如何有效将光伏固废 Si 料回收处理，并将其用于锂离子电池负极材料中具有重要的应用前景。基于此，本章选择了光伏产业中金刚线切割 Si 铸锭得到的副产物微 Si 粉为原料，通过设计系列表面改性处理，除去包覆在 Si 粉表面的多个杂质层，包括 SiO_2 层、附着的微量金属杂质和有机物沾污层，对应提出 Si 颗粒的表面改性模型及反应机理。通过回收处理获得较纯的微 Si 粉，并用其作为再生原料，设计并制备出电化学性能优越的分散型 Si/C 复合材料。本章研究不仅为解决光伏产业中 Si 废料的回收问题提供了新思路，也为资源节约型和环境友好型的锂离子电池微米级 Si 基负极材料的开发提供了一定理论依据和数据支撑。

3.2 切割 Si 粉表征及电化学性能研究

3.2.1 切割 Si 粉的制备

实验选用的金刚线切割 Si 粉来自大连产学研基地（大连隆田有限公司）。图 3–1 是金刚线切割多晶硅铸锭的过程示意图。切割用的金刚线直径为 70 μm，Si 片切割厚度约为 200 μm，在金刚线反复切割过程中会产生大量 Si 粉，对应理论损耗量在 35% 左右，而在实际切割过程中 Si 粉损耗量更高，约占 40% ~ 60%。由于金刚石线切割过程是在大气中进行的，且切割过程中伴随有机冷却剂聚乙二醇（PEG）的持续添加作用，最终得到的副产物 Si 粉是以浆料形式存在，该 Si 浆料的纯度是较低的，其归因于切割过程中 Si 颗粒表面被引入了多个杂质层。最后，对金刚线切割得到的 Si 浆料经过超声清洗和干燥处理后得到了实验所用 Si 粉。

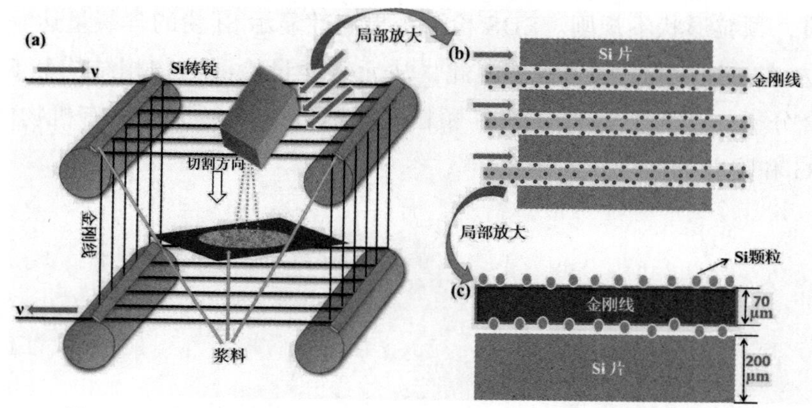

图 3–1 （a）金刚线切割 Si 粉和（b，c）切割过程的放大示意图

3.2.2 切割 Si 粉的结构和形貌

图 3–2（a）是金刚线切割 Si 粉的 XRD 结果，发现 Si 粉在 2θ=28°、47°、56°、69°、76° 和 88° 对应的晶面分别是（111）、（220）、（311）、（400）、（331）和（422）。图 3–2（b）的 Raman 结果显示，在 301 cm^{-1}、516 cm^{-1} 和 932 cm^{-1} 处对应 Si 的三强峰。图 3–2（c）是 Si 粉的正态分布曲线，结果表明该切割 Si 粉的粒径范围是 0.8 ~ 18.9 μm，中位径是 5.0 μm，颗粒大小分布相对集中。图 3–2（d）是元素分析仪和 ICP–MS 检测的杂质含量结果，表明金刚线切割 Si 颗粒中含有大量的有机物和金属杂质，其中金属杂质 Al、Fe、Mg、B、Cr、Cu 和 Ni 的含量（质量分数）分别是 8.96×10^{-6}、39.94×10^{-6}、15.13×10^{-6}、6.80×10^{-6}、5.90×10^{-6}、11.55×10^{-6} 和 12.28×10^{-6}，对应总金属杂质的含量（质量分数）达到 100.36×10^{-6}。有机物杂质 C 和 H 的含量（质量分数）分别是 1230×10^{-6} 和 190×10^{-6}，对应总有机物杂质的含量高达 1420×10^{-6}。分析认为 Si 颗粒中的有机物杂质主要来源于金刚线切割过程中 PEG 的持续添加作用，使得 Si 颗粒表面可能被包覆一层有机沾污层。另外，金刚线在反复切割 Si 片的过程中存在金刚线破损现象，导致切割线里面的金属杂质脱落下来，最终附着在 Si 颗粒表面，特别是金属 Fe 杂质的污染程度尤为显著。

图 3–3 是金刚线切割 Si 颗粒的 SEM 图，可以看出金刚线切割后得到的 Si 颗粒分布相对集中，颗粒大小相对均匀，与前面粒径检测结果吻合。由于金刚线的持续切割引入的磨损作用，使得 Si 颗粒表面存在明显的切割划痕，颗粒形状不规则。EDS 检测结果定性显示 Si 粉的含氧量达到 5.1 wt.% 左右，纯度低于 2.0 N。因此，从元素含量检测、物相结构和 SEM 图综合分析，认为金刚线切割 Si 颗粒表面被包覆了 SiO_2 层、有机物沾污层 PEG 和附着的微量金属杂质。

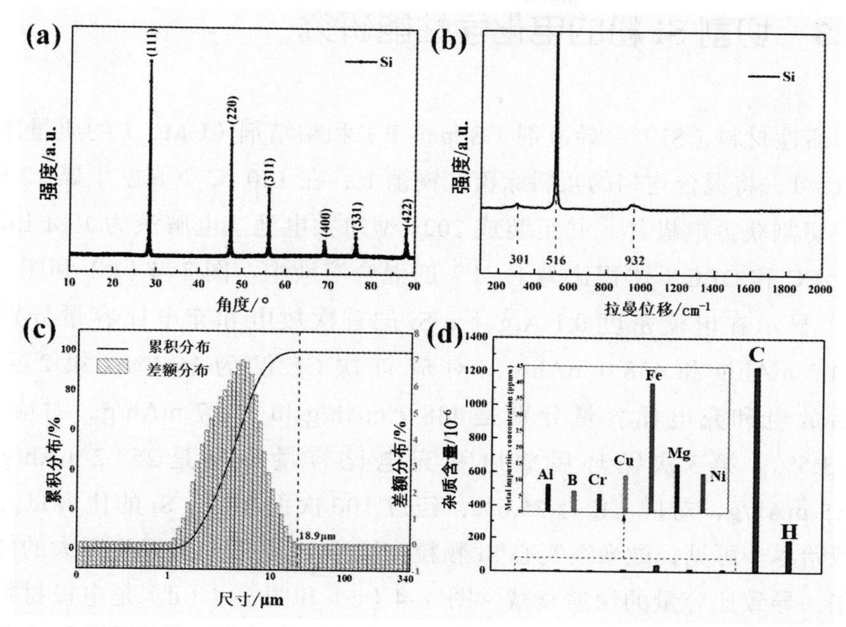

图 3-2 金刚线切割 Si 粉（a）XRD、（b）Raman、（c）粒径和（d）杂质含量分布

图 3-3 金刚线切割 Si 粉的 SEM 图（a）1.0 K、（b）5.0 K、（c）10.0 K 和（d）20.0 K

3.2.3 切割 Si 粉的电化学性能研究

活性材料（Si）、导电剂（Super–P）和粘结剂（CMC）的质量比为 8∶1∶1，将混合均匀的浆料涂覆在铜箔上，在 120 ℃下真空干燥 12 h，然后切割获得电极片，并组装成 2025 型纽扣电池。电解液为 1 M $LiPF_6$ 溶于 EC 和 DEC（体积比为 1∶1）的混合溶液中。图 3–4（a）和图 3–4（b）显示在电流密度 0.1 A/g 下，Si 的首次放电和充电比容量分别是 2674.5 mAh/g 和 438.0 mAh/g，对应首次 CE 仅为 16.4%；第 2 次循环后放电和充电比容量分别是 438.9 mAh/g 和 278.7 mAh/g，对应 CE 为 63.5%；第 3 次循环后放电和充电比容量分别是 253.2 mAh/g 和 191.5 mAh/g，对应 CE 为 75.6%；经过 100 次循环后，Si 的比容量几乎衰减殆尽。可见，微米级实心 Si 颗粒在循环 10 次左右会发生巨大的体积膨胀，导致比容量的快速衰减。图 3–4（c）和图 3–4（d）是电极材料前 3 次充放电曲线和 CV 曲线检测结果。由图可知，实心 Si 颗粒在充放电过程中存在明显的极化现象，且充电平台在 0.30 ~ 0.50 V 之间，放电平台在 0.01 ~ 0.20 V 之间。在首次阴极还原过程中，在 0.97 V 附近发生了不可逆的储锂反应，其对应 SEI 膜的形成，在随后的循环过程中消失。第二圈循环在 0.01 V 和 0.20 V 附近裂解成两个尖锐的还原峰，分别对应晶体 Si 和非晶 Si 的嵌锂反应。在阳极氧化过程中，0.30 ~ 0.60 V 之间几乎只有一个宽而尖锐的氧化峰，对应于 Li–Si 合金的脱锂反应，且随着循环的进行，去合金化脱锂反应的峰值电位向低电位偏移直至稳定。

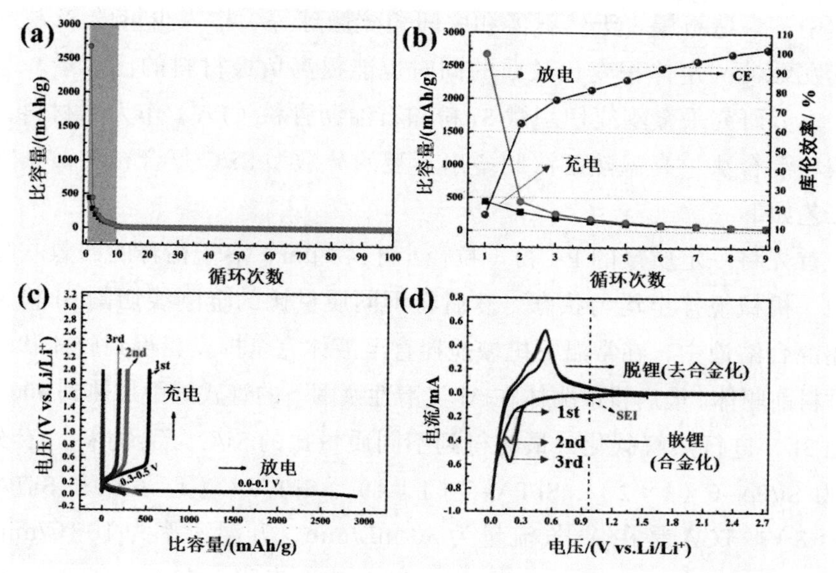

图 3-4 切割 Si 粉的电化学性能：（a）循环性能、（b）CE、（c）充放电和（d）CV 曲线

3.3 分散型 Si/PA-C 复合材料的制备及电化学性能研究

3.3.1 Si/PA-C 复合材料的制备

目前，业界普遍认为为 Si-C 复合材料是最有潜力的锂离子电池负极材料。Si-C 复合材料的结构大致可以分为包覆型、分散型和负载型三大类，其中分散型 Si-C 负极材料的合成方法简单，偏向物理混合，主要包括高能球磨法、液相混合法及球磨混合法等，是一种使用较为普及和宽泛的复合材料体系。在工业生产中，通常是用球磨混合的方法在传统的 C 材料

基体中（人造石墨、天然石墨和中间相碳微球等）掺入少量的 Si 材料，使其在缓冲一定体积变化效应的同时也能提高负极材料的比容量。基于此，本节研究采金刚线切割微 Si 粉和石油沥青粉（PA）作为原材料，通过液相混合法 + 高温热解法制备出新型的分散型 Si/C 复合材料，具体制备工艺如下：

首先将一定质量的 PA 粉（粒径小于 48 μm）溶于稀释的四氢呋喃溶液中，机械搅拌至均匀状态。然后将不同质量比的金刚线切割 Si 粉倒进上述混合溶液中，在常温下机械搅拌直至液体完全挥发，得到胶体状的复合材料前驱体。最后将前驱体在 Ar 气惰性氛围下的管式炉中加热到 900 ℃，保温 3h，进行热解碳化，最终得到不同质量比的 Si/C 复合材料，依次标记为 Si/PA–C（1：2）、Si/PA–C（1：4）、Si/PA–C（1：6）和 Si/PA–C（1：8）。TGA 是在 Ar 气流量为 30 mL/min，升温速率为 10 ℃/min 条件下进行测试的，如图 3–5 所示的 TGA 结果表明，在 900 ℃时，不同质量比 Si/PA–C 复合材料的质量分数分别达到 64.67%、57.72%、56.93% 和 51.13%，对应的 Si/PA–C 复合材料碳化得率分别是 35.33%、42.28%、43.07% 和 48.87%。

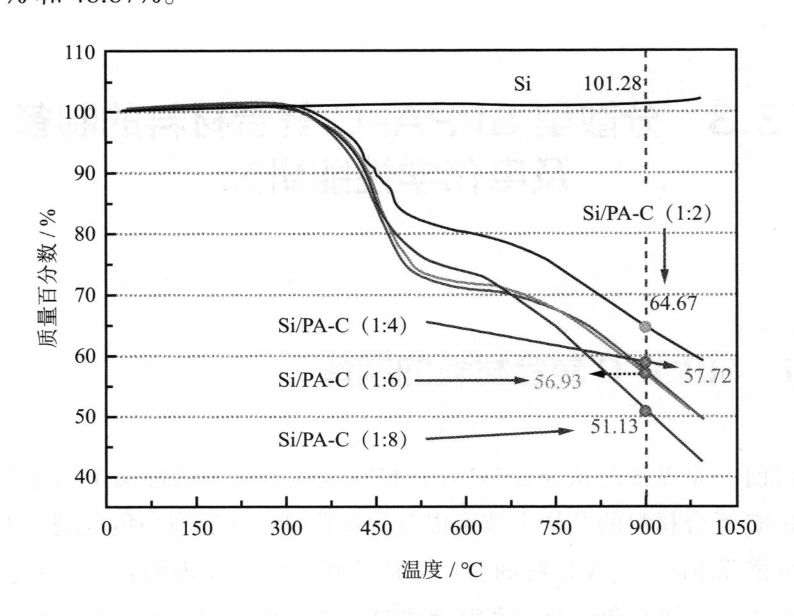

图 3–5　Si/PA–C 复合材料的 TGA 曲线

3.3.2　Si/PA–C 复合材料的结构和形貌

图 3–6（a）和图 3–6（b）是 Si/PA–C 复合材料和热解碳 PA–C 的 XRD 结果。通过液相混合法和高温热解法制备得到不同质量比 Si/PA–C 复合材料都只有 Si 和 C 两种峰，没有其他杂峰。在 2θ=28°、47°、56°、69°、76° 和 88° 对应 Si 峰，其晶面分别是（111）、（220）、（311）、（400）、（331）和（422），在 2θ=25° 对应着 C 峰，其晶面是（003），且 C 峰强度随复合材料中 C 量比例的增加而增大。图 3–6（c）是 Si/PA–C 复合材料和 PA–C 的 Raman 检测结果，Si/PA–C 复合材料在 301 cm^{-1}、516 cm^{-1} 和 932 cm^{-1} 处分别对应 Si 的三强峰，在 1360 cm^{-1} 和 1590 cm^{-1} 对应的是 C 的 D 峰和 G 峰，不含其他杂峰，与 XRD 检测结果吻合。图 3–6（d）是 Raman 的局部放大图，通过 ID/IG 数值的变化可以判断不同复合材料的无定型程度，结果表明 Si/PA–C（1：2）、Si/PA–C（1：4）、Si/PA–C（1：6）和 Si/PA–C（1：8）的 ID/IG 值分别为 0.97、1.00、1.02 和 1.05，表明 Si/PA–C 复合材料的无定型程度随着含 C 比例的增加而增大。

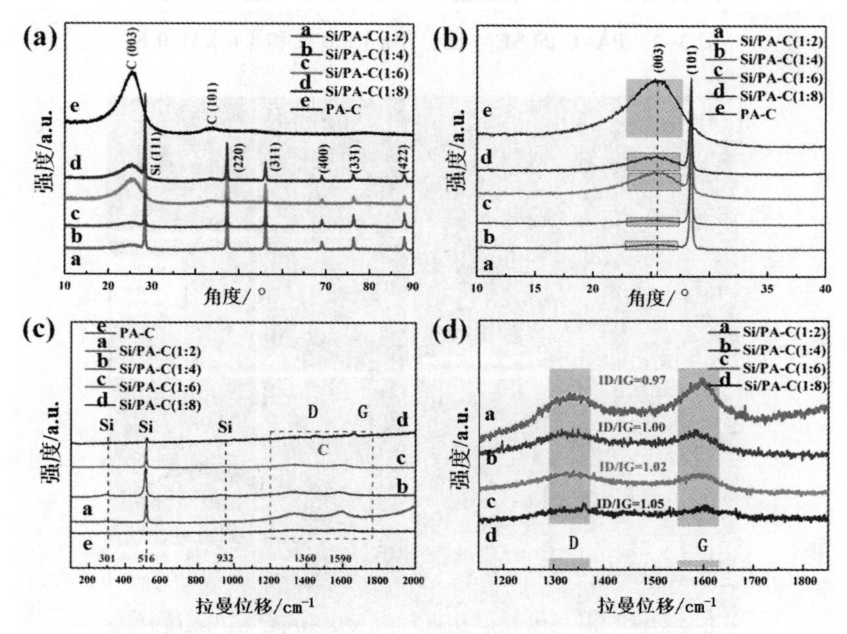

图 3–6　Si/PA–C 复合材料的（a，b）XRD 和（c，d）Raman 图

图 3–7 显示 PA 粉高温热解后得到的 PA–C 颗粒形状是不规则的，尺

寸大小是微米级别的，整体上小于 20 μm。不同质量比 Si/PA–C 复合材料的 SEM 和 EDS 如图 3–8 所示，总体上形成了微米 Si 颗粒嵌入到 PA–C 颗粒基体的分散型复合结构，其中分散型 Si/PA–C（1：6）复合材料中 C、Si 和 O 元素的质量比例分别约为 87.18 wt.%、7.63 wt.% 和 5.19 wt.%。结果发现，在液相混合和高温热解后得到的 Si/PA–C 复合材料中 C 和 Si 颗粒的分布是相对均匀的，其中少量 O 元素主要来自金刚线切割 Si 颗粒的表面。以 C 为主体的分散型 Si/C 复合结构可以有效抑制 Si 颗粒在充放电过程中的迁移和团聚，宏观上有效缓冲 Si 颗粒的体积变化效应，同时 C 基体还能提高复合材料的导电性。

图 3–7　PA–C 的 SEM 图：（a）5.0 K 和（b）10.0 K

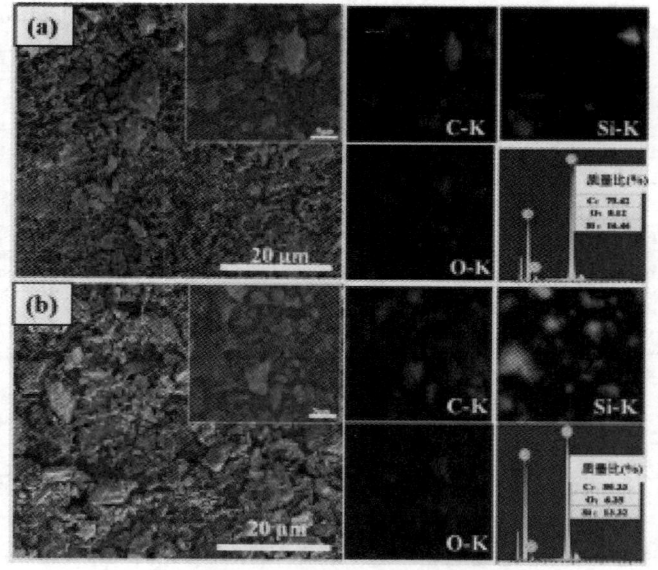

图 3-8　Si/PA-C 复合材料 SEM 图

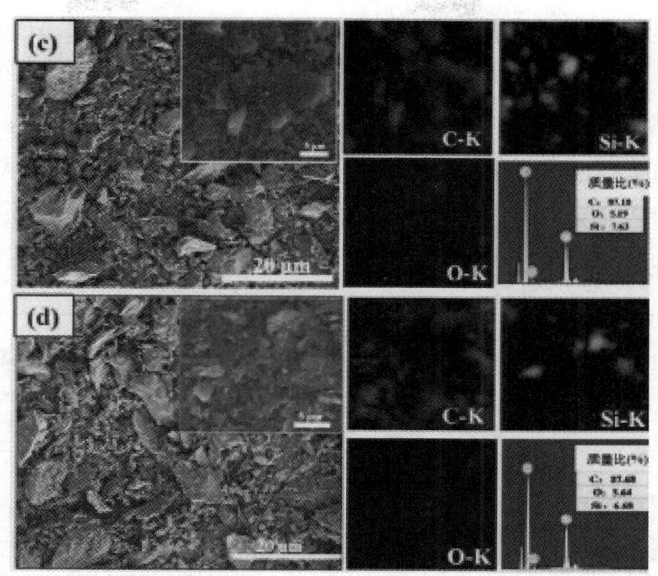

（a）Si/PA–C（1∶2）、（b）Si/PA–C（1∶4）、（c）Si/PA–C（1∶6）和（d）Si/PA–C（1∶8）

图 3–8　Si/PA–C 复合材料 SEM 图（续）

3.3.3　Si/PA–C 复合材料的电化学性能研究

电池性能测试结果如图 3–9（a）和图 3–9（b）所示，在 0.1A/g 下，分散型复合材料 Si/PA–C（1∶2）、Si/PA–C（1∶4）、Si/PA–C（1∶6）和 Si/PA–C（1∶8）的首次放电比容量分别达到 1212.1 mAh/g、1649.1 mAh/g、845.2 mAh/g 和 312.2 mAh/g，对应首次充电比容量分别达到 409.8 mAh/g、661.4 mAh/g、700.1 mAh/g 和 204.7 mAh/g，对应的首次 CE 分别为 33.81%、40.11%、82.83% 和 65.57%。其中，Si/PA–C（1∶2）和 Si/PA–C（1∶4）复合材料的首次 CE 低于 Si/PA–C（1∶6），分析认为是分散型 Si–C 复合结构中的热解 C 比重较少，导致 PA–C 无法有效的覆盖 Si 颗粒。随着含热解 C 量的增加，Si/PA–C（1∶8）复合材料的首次 CE 仍然低于 Si/PA–C（1∶6），其归因于该复合结构中 PA–C 过量，虽然可以有效覆盖住 Si 颗粒，却不能很好发挥 Si 材料高比容量的优势。对于 Si/PA–C（1∶6）复合材料，循环 100 次后的可逆容量为 317.7 mAh/g，容

量保持率为37.6%，远高于Si粉和其他质量比的Si/PA–C复合材料。Si/PA–C（1∶6）复合材料中的无定形PA–C均匀覆盖Si颗粒，可提供均匀的导电网络，同时也可有效缓解Li脱嵌过程中的体积变化。图3–9（c）和（d）是Si/PA–C（1∶6）的前3次充放电和CV曲线结果。Si/PA–C（1∶6）在充放电过程中的极化程度远小于原Si，且充电平台在0.30～0.50 V之间，放电平台在0.01～0.20 V之间。

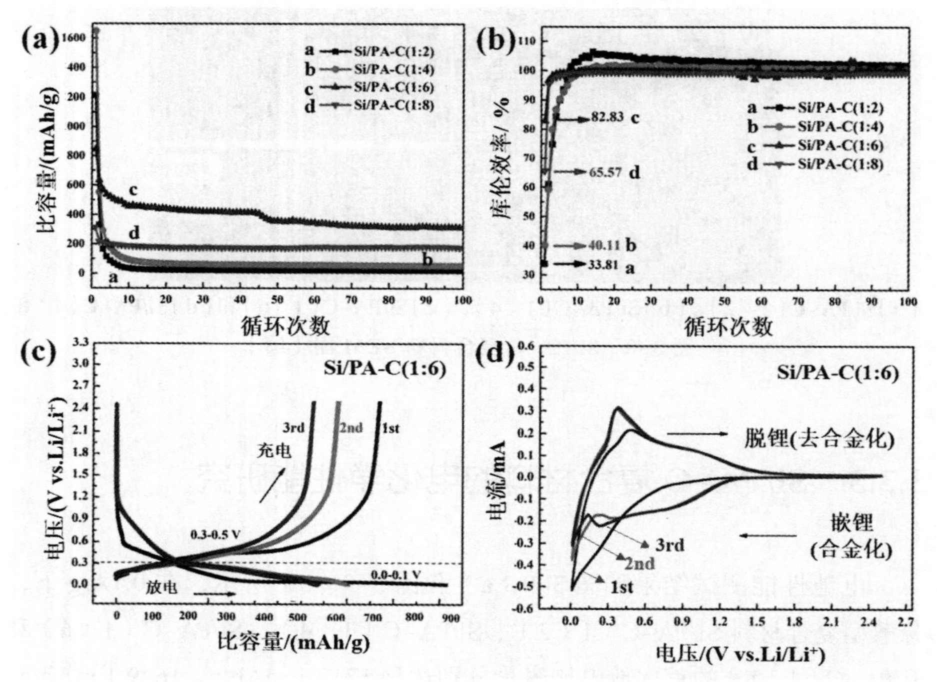

图3–9　Si/PA–C复合材料的电化学性能：（a）循环性能、（b）CE、（c）充放电曲线和（d）CV曲线

3.4 分散型 PSi/PA–C 复合材料的制备及电化学性能研究

3.4.1 切割 Si 粉的预处理及机理研究

相比于原始切割 Si 粉，通过液相混合法和高温热解法制备的分散型 Si/PA–C（1∶6）复合材料的循环性能虽然得到了较大的改善，但是其提升空间有限。由前面 3.2 中原始切割微 Si 粉的元素含量、物相结构和形貌分析结果，我们认为 Si 颗粒表面的 SiO_2 层、有机物沾污层和金属杂质对于 Li^+ 的传输可能会造成不利影响，即 Si 颗粒表层改性处理后可能会对 Si/C 复合材料性能的提升有较大的作用。基于此，为了有效去除 Si 颗粒表面的 SiO_2 层、有机物沾污层 PEG 和附着的微量金属杂质，回收获得较纯 Si 粉，本研究设计了 Si 粉表面改性预处理工艺，具体预处理步骤如下所示：

S0：超声清洗 30 min 后在 100 ℃下真空干燥 10 h 获得清洗后 Si 粉。

S1：用 10wt.%HF 在常温下持续搅拌步骤 S0 30 min，用去离子水抽滤清洗多次。

S2：$NH_3·H_2O/H_2O_2/H_2O$=2∶2∶10，机械搅拌 10 min，再用去离子水抽滤清洗多次。

S3：$HCl/H_2O_2/H_2O$=2∶2∶10，机械搅拌 10 min，用去离子水和酒精溶液抽滤清洗多次，在 80 ℃下真空干燥 10 h，获得预处理后的 Si 粉（Pretreatment Si，PSi）。

图 3–10（a）显示不同预处理工艺下 S1、S2、S3 在 2θ=28°、47°、56°、69°、76° 和 88° 对应的晶面分别是（111）、（220）、（311）、（400）、（331）和（422），其 XRD 峰位置与原始 Si 粉基本吻合，表明经过系

列表面改性预处理后，Si 粉物相结构没有发生本质变化。从图 3-10（b）看出，经过系列预处理后的 Si 粉向右发生了局部 Raman 偏移，可能与 Si 粉表面的杂质层和微量金属杂质的去除有关。

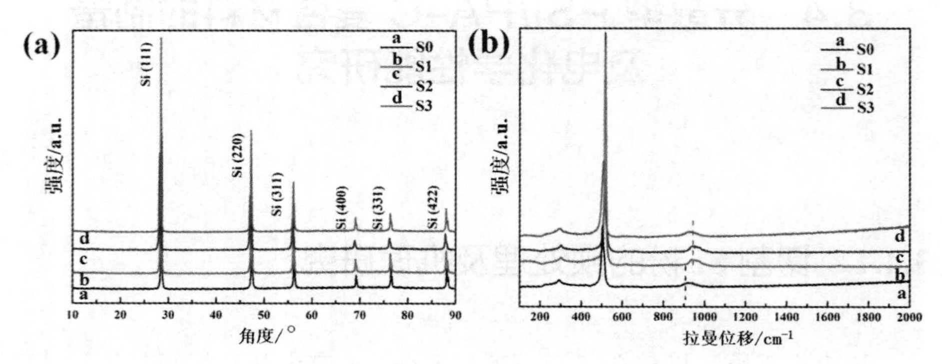

图 3-10　S0、S1、S2 和 S3 的（a）XRD 和（b）Raman 图

对不同表面改性预处理下的 Si 粉进行了杂质含量检测，显示预处理步骤 S0、S1、S2 和 S3 中总杂质浓度分别是 1520.36×10^{-6}、1391.08×10^{-6}、1065.37×10^{-6} 和 832.75×10^{-6}。经过系列预处理后的 Si 颗粒尺寸变化不大，颗粒表面变得相对洁净，如图 3-11 的 SEM 图所示。图 3-12（a）的金属杂质含量检测结果显示，金属杂质元素 Al、Fe、Mg、B、Cr、Cu 和 Ni 的浓度从预处理步骤 S0 到 S3 逐步呈现下降的趋势，其中金属杂质 Fe 和 Mg 的浓度分别从 39.94×10^{-6} 和 15.13×10^{-6} 降低到 9.46×10^{-6} 和 1.08×10^{-6}。图 3-12（b）显示 S0、S1、S2 和 S3 的总金属杂质浓度分别达到 100.36×10^{-6}、41.08×10^{-6}、35.37×10^{-6} 和 32.75×10^{-6}，即 S1、S2 和 S3 中残留总金属杂质百分比分别为 40.9%、35.2% 和 32.6%，对应的总金属杂质去除率分别达到 59.1%、64.8% 和 67.4%。可见，预处理步骤 S1 具有最佳的金属杂质去除效果，而预处理步骤 S2 和 S3 虽然对金属杂质的去除也有一定作用，但其除杂效果相比 S1 是微弱的。图 3-12（c）发现不同预处理步骤下 S0、S1、S2 和 S3 的有机杂质 H 浓度分别达到 190×10^{-6}、140×10^{-6}、110×10^{-6} 和 70×10^{-6}，对应有机杂质 C 浓度分别达到 1230×10^{-6}、1210×10^{-6}、920×10^{-6} 和 730×10^{-6}。图 3-12（d）进一步显示 S0、S1、S2 和 S3 的总有机杂质浓度分别达到 1420×10^{-6}、1350×10^{-6}、1030×10^{-6} 和 800×10^{-6}，即 S1、S2 和 S3 中残留总有机杂质百分比分别为 95.1%、72.5% 和 56.3%，对应的总有机杂质去除率分别达到 4.9%、

27.5% 和 43.7%。可见，相比预处理步骤 S1，预处理步骤 S2 和 S3 具有较好的有机杂质去除效果。

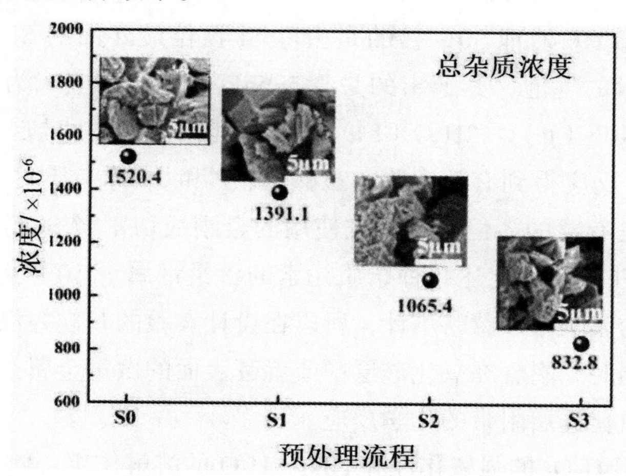

图 3-11　S0、S1、S2 和 S3 的总杂质浓度变化和 SEM 形貌

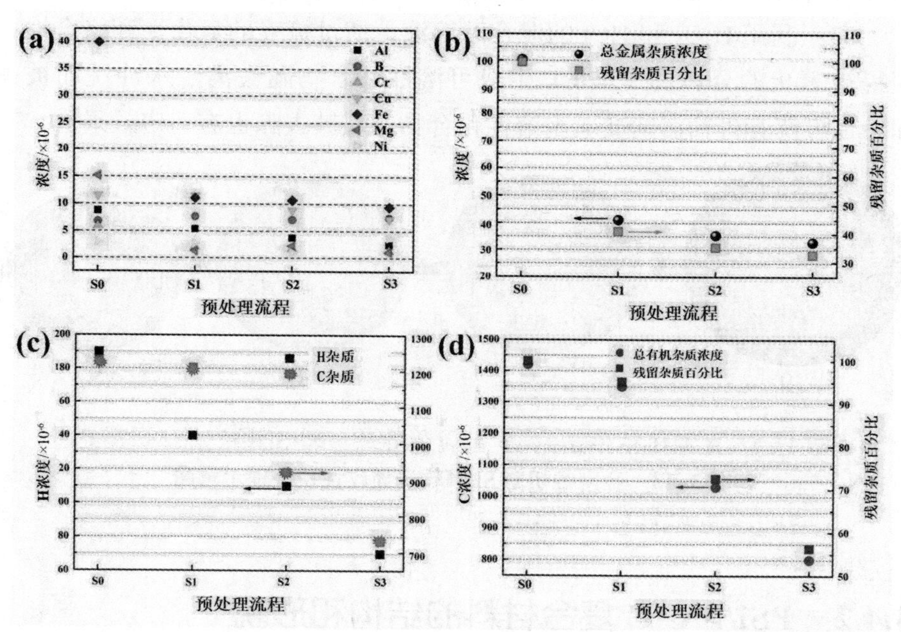

图 3-12　S0、S1、S2 和 S3 的杂质浓度：（a）金属杂质、（b）总金属杂质、（c）有机杂质 C 和 H 和（d）总有机杂质

通过系列表面改性处理后，可以有效除去包覆在 Si 粉表面的多个杂质层，包括 SiO_2 层、附着的微量金属杂质和有机物沾污层 PEG，并对应

提出了 Si 颗粒的表面改性模型和反应机理，如图 3-13 所示。金刚线切割 Si 颗粒表面改性机理分析如下：

S1：用稀 HF 处理 S0，目的是去除 Si 颗粒最外面的 SiO_2 层，反应过程产生大量的气泡，其逸出的是气态 SiF_4，化学反应式为 SiO_2（s）+ 4HF（aq）=SiF_4（g）↑+$2H_2O$（l）。同时，附着在氧化硅层里的金属杂质也随着 HF 反应得到有效去除。虽然 B、P 和 Al 等杂质对于提高 Si 材料的导电性是有益的，但是本研究使用的金刚线切割微 Si 粉含有的主要金属杂质是 Fe，而且上述几种杂质元素的含量都属于 10^{-6} 级别，对于 Si 材料导电性的影响可以忽略不计，所以在设计实验的时候并没有考虑去选择性除杂。同时，附着在氧化硅层中或者其表面的微量金属杂质的去除行为也属于除氧化硅层附带的化学反应。

S2：利用 H_2O_2 的强氧化性和 $NH_3 \cdot H_2O$ 的溶解作用，使 Si 颗粒表面的有机物沾污层逐渐变成水溶性化合物，随去离子水的冲洗而被剥离。

S3：利用 H_2O_2 和 HCl 的混合酸溶液，通过极强的氧化性和络合性，使得被氧化的金属离子与 Cl^- 生成可溶性络合物随去离子水冲洗而被去除，也可使有机粘污物变成水溶性化合物，对其去除也有一定效果。

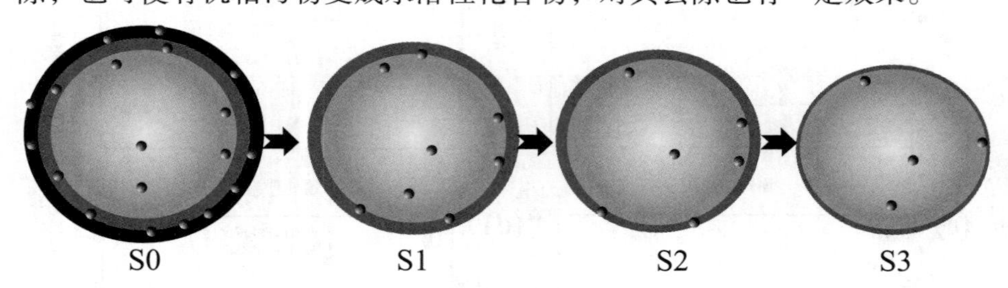

图 3-13　金刚线切割 Si 颗粒表面改性预处理示意图

3.4.2　PSi/PA-C 复合材料的结构和形貌

以经过系列预处理后的金刚线切割 PSi 粉为原料，采用同 3.3.1 中制备 Si/PA-C（1∶6）复合材料相同的工艺流程，得到 PSi/PA-C（1∶6）复合材料，对应的 XRD 和 Raman 检测结果分别如图 3-14 和图 3.15 所示。

图 3–14 的 XRD 发现，通过液相混合和高温热解法得到的 PSi/PA–C（1∶6）复合材料依然只有 Si 和 C 两种峰，没有其他杂峰，和 Si/PA–C（1∶6）复合材料的物相几乎一致。其在 2θ=28°、47°、56°、69°、76° 和 88° 对应 Si 峰，其晶面分别是（111）、（220）、（311）、（400）、（331）和（422），在 2θ=25° 对应 C 峰。图 3–15 的 Raman 检测结果表明，PSi/PA–C（1∶6）复合材料在 301 cm^{-1}、516 cm^{-1} 和 932 cm^{-1} 处分别对应 Si 的三强峰，在 1360 cm^{-1} 和 1590 cm^{-1} 对应的是碳的 D 峰和 G 峰，且 PSi/PA–C（1∶6）比 Si/PA–C（1∶6）的 ID/IG 值小，表明金刚线切割 Si 粉经过系列预处理表面改性后得到的分散型 Si/C 复合材料的无定型程度变小。

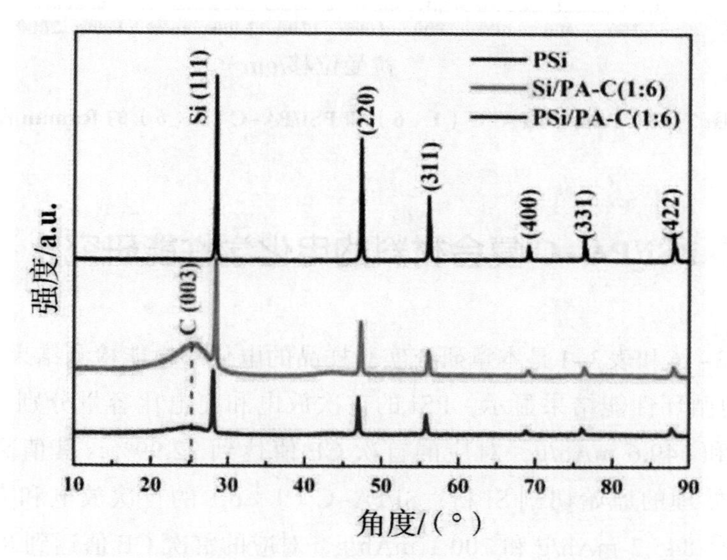

图 3–14　PSi、Si/PA–C（1∶6）和 PSi/PA–C（1∶6）的 XRD 图

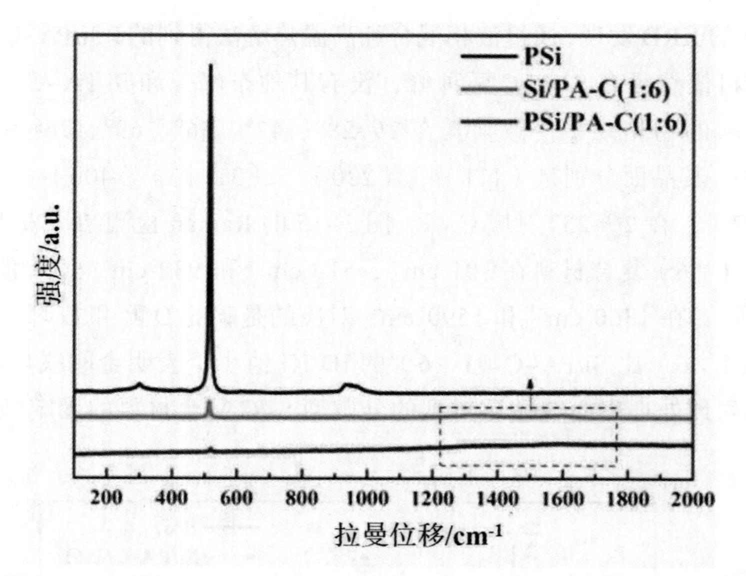

图 3-15　PSi、Si/PA-C（1∶6）和 PSi/PA-C（1∶6）的 Raman 图

3.4.3　PSi/PA-C 复合材料的电化学性能研究

图3-16和表3-1是本章研究实验样品的电化学性能检测结果。图3-16（a）的循环性能结果显示，PSi 的首次放电和充电比容量分别是 2824.5 mAh/g 和 649.6 mAh/g，对应的首次 CE 值达到 22.99%，其值高于未经改性预处理的原始切割 Si 粉；Si/PA-C（1∶6）的首次放电和充电比容量分别是 845.2 mAh/g 和 700.1 mAh/g，对应的首次 CE 值达到 82.83%；PSi/PA-C（1∶6）的首次放电和充电比容量分别是 1096.8 mAh/g 和 900.5 mAh/g，对应的首次 CE 值达到 82.10%。可见，使用系列表面改性预处理后的 PSi 粉为原料，制备的 PSi/PA-C（1∶6）复合材料具有最优的电化学性能，其在 0.1 A/g 下循环 100 次后，放电和充电比容量分别达到 463.1 mAh/g 和 458.5 mAh/g，显示了优越的循环稳定性。图 3-16（b）的倍率性能进一步显示，PSi/PA-C（1∶6）复合材料在不同电流密度 0.1 A/g、0.3 A/g、0.5 A/g、1.0 A/g、2.0 A/g 和 0.1 A/g 下的放电比容量分别达到 1081.9 mAh/g、496.7 mAh/g、336.3 mAh/g、291.8 mAh/g、149.2 mAh/g 和 670.2 mAh/g，而 Si/PA-C（1∶6）复合材料在 0.1 A/g、

0.3 A/g、0.5 A/g、1.0 A/g、2.0 A/g 和 0.1 A/g 下的放电比容量分别达到 707.1 mAh/g、333.7 mAh/g、223.6 mAh/g、190.1 mAh/g、127.6 mAh/g 和 386.5 mAh/g。可见，PSi/PA–C（1∶6）比 Si/PA–C（1∶6）复合材料具有更好的倍率性能和循环性能，其归因于 Si 颗粒系列表面改性预处理后的纯化。图 3–16（c）和（d）是 PSi/PA–C（1∶6）复合材料的充放电和 CV 曲线的检测结果，发现 PSi/PA–C（1∶6）在充放电过程中的极化程度远小于 Si/PA–C（1∶6），进一步证明了其具有更好的电化学性能。

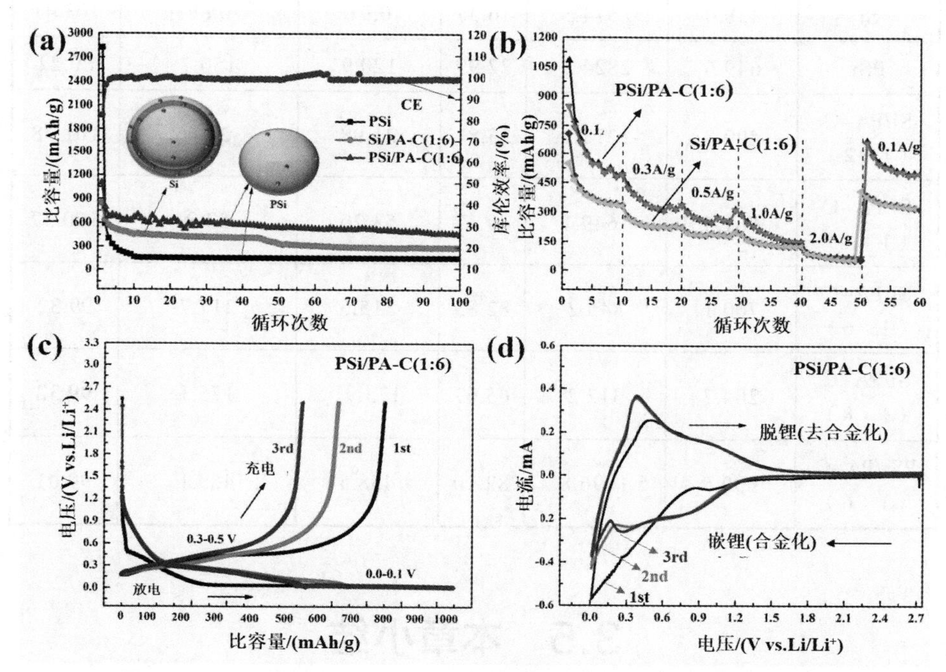

图 3–16 PSi/PA–C（1∶6）的（a）循环性能、（b）倍率性能、（c）充放电曲线和（d）CV 曲线

因此，通过系列表面改性预处理设计，可回收获得相对高纯的微米级 Si 粉，使原始切割 Si 粉表面的 SiO_2 层、附着的微量金属杂质和有机物沾污层 PEG 得到有效去除，降低了对 Li^+ 传输到 Si 颗粒表面造成的阻碍影响。通过液相混合和高温热解法，制备的分散型 PSi/PA–C（1∶6）复合材料的电化学性能最为优越，该分散型 Si/C 复合结构可以有效缓冲 Si 颗粒的宏观体积变化，增强抵抗电极片在脱嵌锂过程中的应变能力，同时热解 PA-C 颗粒还具提高复合材料导电性的作用。本章研究实现了光伏和锂离子电池行业的交叉结合，为光伏产业中切割 Si 废料的回收处理拓展了一条新思路。

表 3-1　不同实验样品的电化学性能对比

样品	第一圈充电比容量 /（mAh/g）	第一圈放电比容量 /（mAh/g）	首次库伦效率 /%	100 圈充电比容量 /（mAh/g）	100 圈放电比容量 /（mAh/g）	100 圈库伦效率 /%
Si	438.0	2674.5	16.37	0.91	0.88	103.41
PSi	649.6	2824.5	22.99	120.9	150.7	80.22
Si/PA-C（1：2）	409.8	1212.1	33.81	21.98	21.6	101.78
Si/PA-C（1：4）	661.4	1649.1	40.11	53.20	52.9	100.57
Si/PA-C（1：6）	700.1	845.2	82.83	315.5	317.7	99.32
Si/PA-C（1：8）	204.7	312.2	65.67	173.91	175.1	99.32
PSi/PA-C（1：6）	900.5	1096.8	82.10	458.5	463.1	99.01

3.5　本章小结

为实现微米级 Si 基负极材料的推广应用，本章选择了光伏行业中金刚线切割 Si 片产生的副产物微米 Si 粉为原料，通过系列表面改性预处理、液相混合和高温热解等工艺流程，制备出微米级的分散型 Si/C 复合材料，并将其应用在锂离子电池负极材料。本章为资源节约型和环境友好型的锂离子电池中微米级 Si 基负极材料的开发提供了一定理论依据和数据支撑，并得出了以下几点结论：

（1）金刚线切割 Si 粉的 D50 为 5.0 μm，颗粒形状不规则，表面有切割划痕。由于冷却液和大气氛围下的持续切割作用，Si颗粒表面含有SiO_2层、附着的微量金属杂质和有机物沾污层PEG。金刚线切割Si粉的纯度低于2.0 N，其总有机物和金属杂质含量分别达到1420×10^{-6}和100.36×10^{-6}。在0.1 A/g下，Si的首次放电和充电比容量分别是2674.5 mAh/g和438.0 mAh/g，首次CE仅为16.4%，且循环100次后，实心Si的比容量由于巨大的体积变化效应而几乎衰减殆尽。

（2）采用金刚线切割Si粉和石油沥青粉PA为原材料，通过液相混合法+高温热解法制备分散型Si/PA–C复合材料。研究了不同质量比下Si/PA–C复合材料对电化性能的影响规律，发现Si/PA–C（1：6）复合材料的首次放电和充电比容量分别是845.2 mAh/g和700.1 mAh/g，首次CE为82.83%，且循环100次后放电比容量达到317.7 mAh/g，远高于Si粉和其他质量比的Si/PA–C材料，这归功于适量热解PA–C均匀覆盖住Si颗粒，可有效缓解Li脱嵌过程中Si的体积变化，同时又可提供均匀的导电网络。

（3）通过3步表面改性预处理，有效去除Si颗粒表面的SiO_2层、附着的金属杂质和有机物沾污层PEG等。PSi粉的总金属和有机杂质的去除率分别达到67.4%和43.7%，纯度得到较大提升，并提出了Si颗粒表面改性模型和机理分析。电化学性能表明：PSi粉的首次放电和充电比容量分别达到2824.5 mAh/g和649.6 mAh/g，首次CE值是22.99%，高于原始切割Si粉。PSi/PA–C（1：6）复合材料在0.1 A/g、0.3 A/g、0.5 A/g、1.0 A/g、2.0 A/g、0.1 A/g不同电流密度下的放电比容量分别是1081.9 mAh/g、496.7 mAh/g、336.3 mAh/g、291.8 mAh/g、149.2 mAh/g和670.2 mAh/g，具有优越的倍率性能，且在0.1 A/g下循环100次后，放电和充电比容量分别达到463.1 mAh/g和458.5 mAh/g，显示了良好的循环稳定性。

4 包覆型 Porous $Si@SiO_2@C$ 复合材料的制备及电化学性能研究

4.1 引言

由第 3 章研究内容可知，分散型 Si/C 复合结构可以有效改善 Si 基负极材料的电化学性能，但这种分散型复合结构仍然不能有效发挥 Si 比容量高的优势，同时对于微米级实心 Si 颗粒而言，单个 Si 颗粒的巨大体积变化效应仍然存在。为此，在微米级 Si 颗粒表面打孔得到纳米孔洞结构，不仅为 Si 的体积膨胀提供了缓冲空间，同时也能缩短 Li^+ 的扩散距离，促进电荷和 Li^+ 的快速传输，有利于 Si 颗粒内部的脱嵌锂反应，从而最大程度发挥 Si 比容量高的优势，促进“深度”充放电反应。

目前，制备微米级多孔硅的方法主要有 SiO_x 歧化反应 [124–126]、镁热还原反应 [127–131]、金属辅助刻蚀法 [132–134] 和 Si 基金属去合金化刻蚀 [135–144] 等。对于微米级 Si 颗粒而言，采用金属辅助刻蚀法将块体 Si 变成多孔结构是最常用的打孔方法。Bang 等 [132] 利用 Ag 作为金属催化剂，在 HF 和 H_2O_2 的混合液中诱导腐蚀微米级 Si 颗粒，得到多孔 Si 结构，对其包 C 处理后的核壳复合材料首次比容量达到 2050 mAh/g，循环 50 次后的容量保持率为 87%。Ge 等 [133, 134] 利用 Ag 作为金属催化剂得到多孔 Si 结构，再用 CVD 法制备出多孔 Si/C 复合材料，循环 200 次后仍有 945 mAh/g 的可逆比容量。但是，采用 Ag 等贵金属做催化剂的多孔制备工艺，其制备成本高，且得到的多孔 Si 结构仍然存在首次 CE 低、循环稳定性差等的问题。因此，如何选择一种新颖或低成本的多孔 Si 制备工艺，更好改善其与 C 材料的复合方式仍是关键问题。在本章研究工作中，依然选择金刚线切割微 Si 粉为实验原料，在第 3 章的研究内容基础上，优化 Si 颗粒表面改性步骤，获得纯度更高的微米级 Si 颗粒，提出采用 $NaNO_2$ 为催化剂的腐蚀打孔方法，设计并制备出包覆型 Porous Si@SiO$_2$@C 复合材料。

4.2 切割 Si 粉预处理的优化及机理研究

4.2.1 切割 Si 粉预处理的优化及表征

由第 3 章第 4 节可知，经过 3 步预处理改性后 Si 粉的总金属和有机杂质的去除率可分别达到 67.4% 和 43.7%。其中，预处理工艺中的第 2 和第 3 步分别是利用 H_2O_2 与 $NH_3 \cdot H_2O$ 的溶解作用以及与 HCl 的络合性作用，达到去除有机物 PEG 的目的。多步化学腐蚀处理不仅对环保回收有压力，而且最终 PEG 的去除效果也不够理想。通过第 3 章的电学性能研究可以发现，Si 颗粒表面的 PEG 沾污层会对 Li^+ 在脱嵌锂过程中的传输造成不利影响，所以探索一种更加环保和高效的表面改性处理工艺意义重大。

本章节从 PEG 的热解挥发属性出发，设计了一种短流程、环保的 Si 粉表面改性预处理工艺，具体步骤如图 4-1 所示。

S0：超声清洗 30 min，然后在 100 ℃ 下真空干燥 10 h 获得 Si 粉，标记 Si0。

S1：用 10 wt%HF 在常温下持续搅拌 Si0 粉 15 min、30 min、45 min 和 60 min，用去离子水清洗多次后，抽滤并真空干燥，其中搅拌 60 min 得到的样品标记为 Si1。

S2：在氩气氛围保护的管式炉中，将样品 Si1 以 5 ℃/min 加热到 400 ℃，保温 3 h 后炉冷处理，最终得到的样品标记为 Si2。

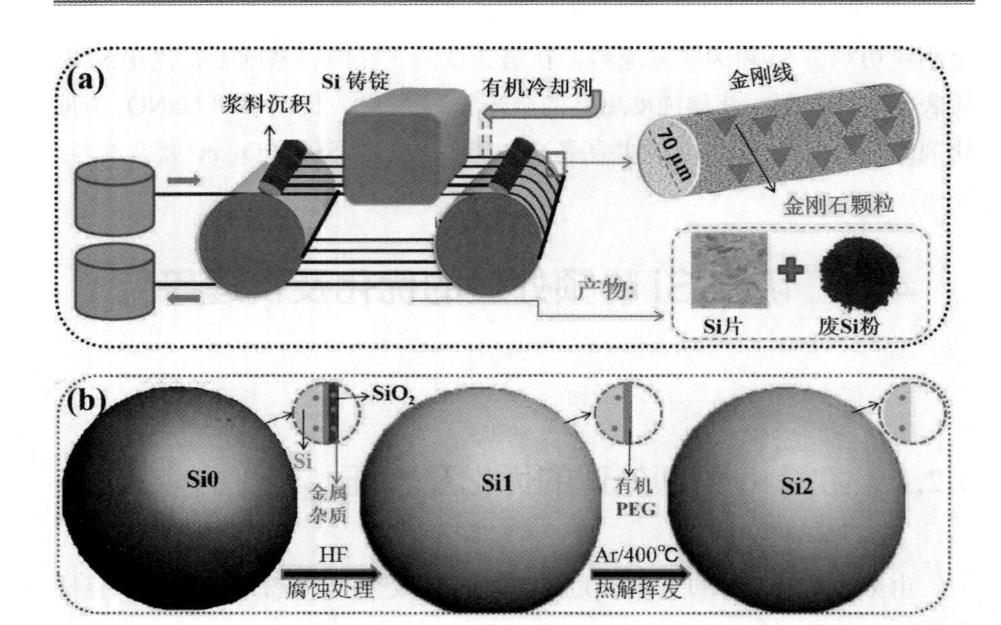

图 4-1 （a）金刚线切割 Si 粉制备和（b）Si 粉预处理工艺的示意图

图 4-2 是经过表面改性预处理后切割 Si 粉的物相、形貌和杂质含量的测试结果。

图 4-2（a）表明预处理步骤下 Si1 和 Si2 在 2θ=28°、47°、56°、69°、76° 和 88° 对应的晶面分别是（111）、（220）、（311）、（400）、（331）和（422），其主峰的位置几乎与原始 Si0 颗粒完全吻合，表明经过系列表面改性处理后，Si 的物相结构没有发生本质的变化。XRD 精修结果显示 Si0、Si1 和 Si2 的晶格常数 a 依次为 0.543065、0.542928 和 0.542738。a 值的逐步降低与 Si 颗粒表面杂质的有效去除有关。图 4-2（b）的粒径结果进一步显示，预处理后 Si 颗粒大小向左发生了微弱的偏移，其主要归因于 HF 处理还具有微弱的粒径细化作用。

图 4-2（c）是金属杂质含量的检测结果，发现 Si0、Si1 和 Si2 的总金属杂质浓度分别为 100.36×10^{-6}、33.36×10^{-6} 和 41.57×10^{-6}。从 Si0 到 Si1，Al、B、Cr、Cu、Fe、Mg 和 Ni 杂质浓度均呈下降趋势，可见 60 minHF 腐蚀在去除 SiO_2 外层的同时，也有效地去除附着在 SiO_2 外层中的痕量金属杂质，总金属杂质去除效率达到 66.76%。从 Si1 到 Si2，总金属杂质含量反而从 33.36×10^{-6} 上升到 41.57×10^{-6}，特别是杂质 Fe 和 Cu 含量

增幅显著。分析认为在金刚线切割 Si 颗粒表面形成沾污层 PEG 的同时，会夹杂着微量的金属杂质，特别是来自金刚线损耗时引入的杂质污染，故 PEG 沾污层热解后里面残留的不易挥发杂质就留在了 Si 粉中。图 4-2（d）是总有机杂质浓度检测结果。Si0、Si1 和 Si2 中总有机杂质浓度分别是 1420×10^{-6}、1350×10^{-6} 和 420×10^{-6}，对应的杂质去除率分别达到 4.93% 和 70.42%。可见，HF 腐蚀处理对 PEG 沾污层的去除作用很微弱，而利用 PEG 热解产物的挥发性，在 400 ℃下热解处理则可以有效去除 Si 颗粒表面的 PEG 沾污层。

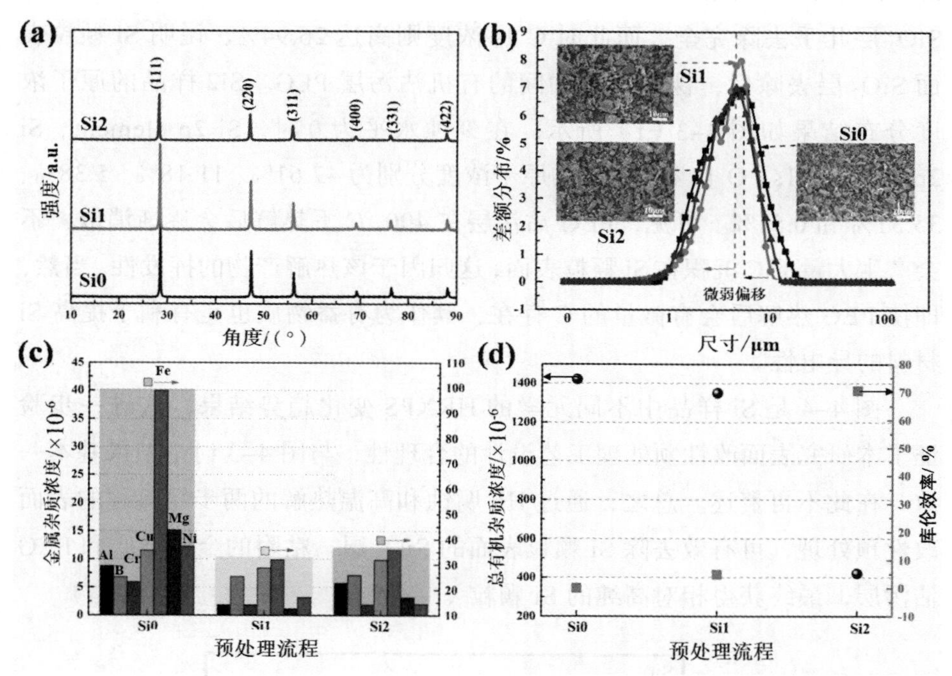

图 4-2　不同预处理下 Si 粉：（a）XRD、（b）粒径、（c）金属杂质和（d）有机杂质的含量分布

为了进一步验证表面改性流程设计的可行性，采用 Ar 离子刻蚀技术，由表及里刻蚀样品的外层，得到样品表面层中随深度变化的原子占比变化规律，其中随着刻蚀时间的增加，对应刻蚀深度的位置依次标记为刻蚀水平 0、1、2……具体结果如图 4-3 和图 4-4 所示。图 4-3 中的 XPS 全谱图显示 Si 样品的主要成分是 Si 2p、Si 2s、O 1s 和 C 1s，且元素的峰强随蚀刻水平的深入呈现规律的变化趋势。对于图 4-3（b）中的 Si0 样品，

在刻蚀水平为 0 时，Si 2p element、Si 2p SiO_2、C 1s、O 1s 和 Fe 2p 的原子浓度分别为 13.53%、24.13%、4.82%、56.96% 和 0.56%。其中，Si 2p SiO_2 和 O 1s 的原子浓度随刻蚀水平的深入而降低，直至相对稳定，而 Si 2p 原子浓度的变化趋势则正好相反。可见 Si 颗粒外表面是 SiO_2 层，且随刻蚀水平的深入，Si 2p SiO_2 的原子浓度比例降到最低。Si1 样品的原子浓度分布结果如图 4–3（d）所示，在刻蚀水平为 0 时，Si 2p element、Si 2p SiO_2、C 1s、O 1s 和 Fe 2p 的原子浓度分别为 57.29%、2.47%、26.94%、12.59% 和 0.71%。可见，经过 HF 酸处理后的 Si 颗粒外表面 SiO_2 层几乎去除完全，而此时 C 1s 浓度则高达 26.94%，说明 Si 颗粒表面 SiO_2 层去除后，裸露出了中间的有机沾污层 PEG。Si2 样品的原子浓度分布结果如图 4–3（f）所示，在刻蚀水平为 0 时，Si 2p element、Si 2p SiO_2、C 1s、O 1s 和 Fe 2p 的原子浓度分别为 47.61%、11.18%、5.38%、35.31% 和 0.51%。可见，PEG 沾污层在 400 ℃ 下热解后会逐渐消散，不会产生大量的 C 沉积在 Si 颗粒表面，这归因于该热解产物的挥发性。当然，即使 PEG 热解后会有微量的 C 存在，其作为有益物质也是有利于提高 Si 材料的导电性。

图 4–4 是 Si 样品中不同元素的 HRXPS 变化趋势结果，这进一步验证了本研究表面改性预处理工艺设计的合理性，与图 4–3 讨论结果基本一致，在此不再赘述。总之，通过 HF 腐蚀和高温热解的两步短流程的表面改性预处理，可有效去除 Si 颗粒表面的 SiO_2 层，粘附的金属杂质和 PEG 沾污层，最终获得相对高纯的 Si 颗粒（～4.5N）。

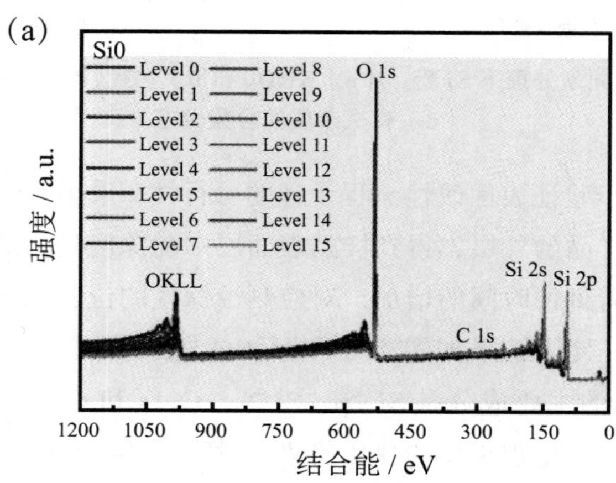

图 4-3　XPS 和不同氩离子刻蚀水平下的原子浓度分布图

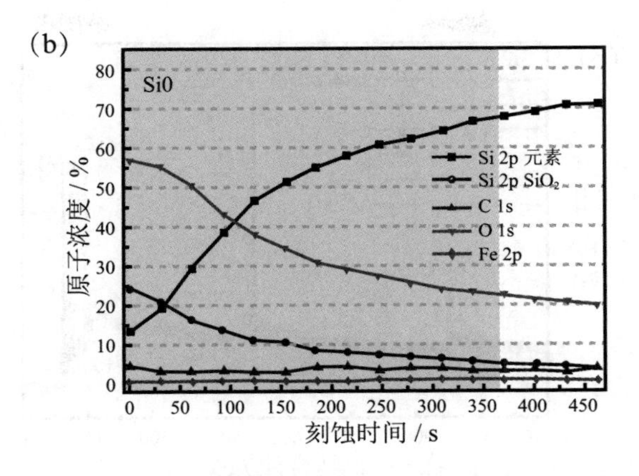

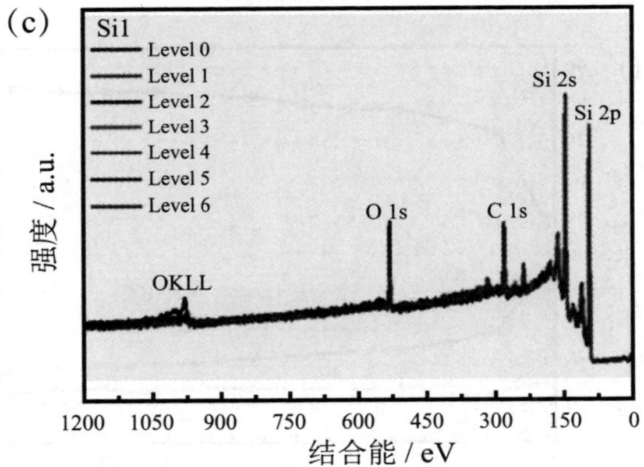

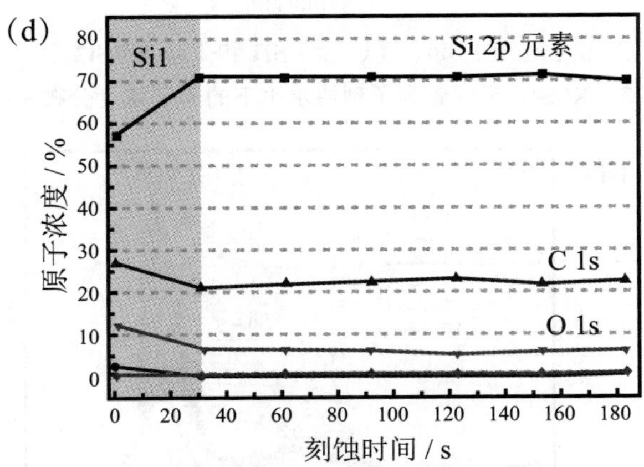

图 4-3　XPS 和不同氩离子刻蚀水平下的原子浓度分布（续）图

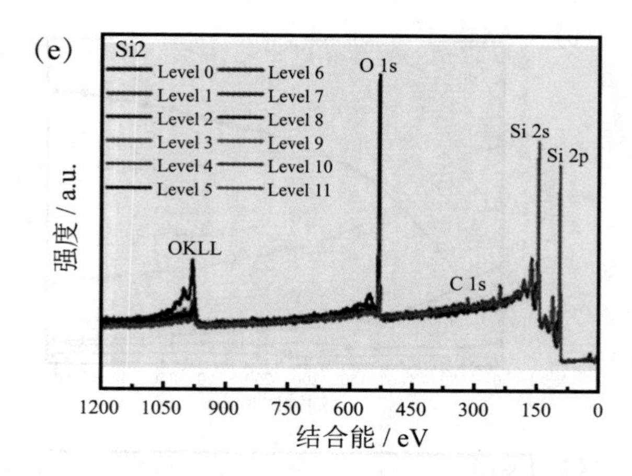

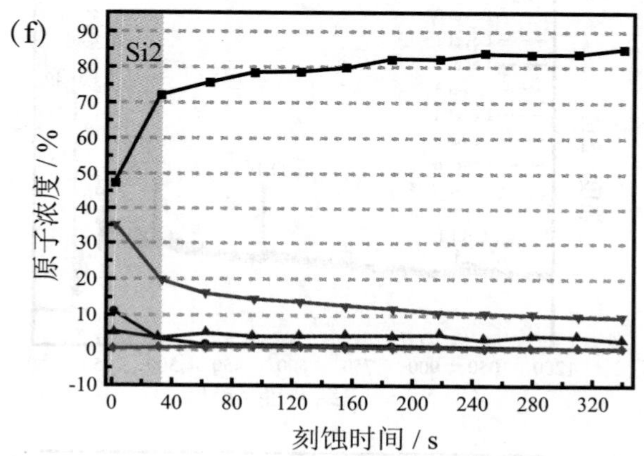

（a，b）Si0、（c，d）Si1 和（e，f）Si2

图 4-3　XPS 和不同氩离子刻蚀水平下的原子浓度分布（续）

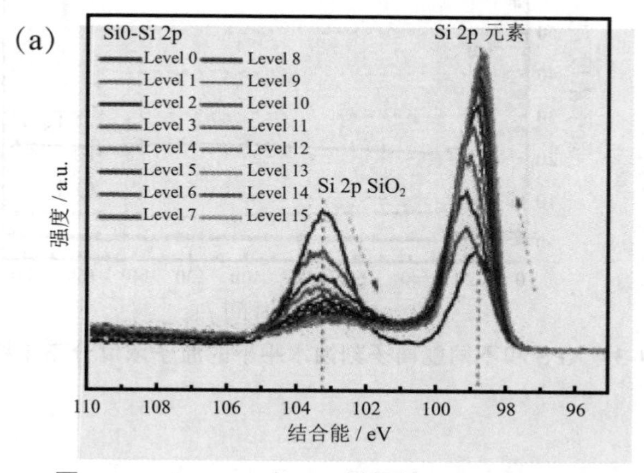

图 4–4　Si0、Si1 和 Si2 样品的 XPS 分谱图

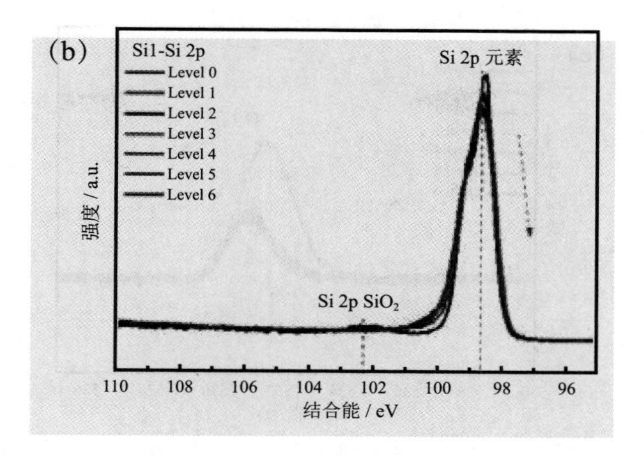

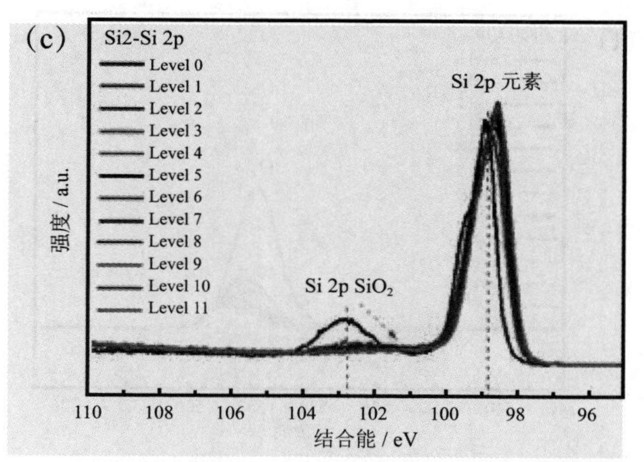

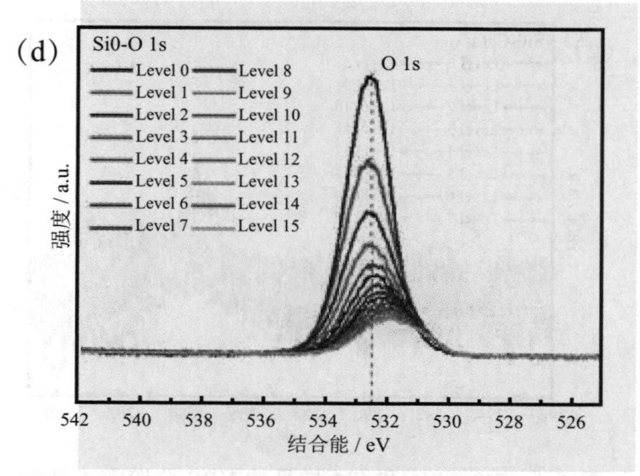

图 4-4 Si0、Si1 和 Si2 样品的 XPS 分谱图（续）

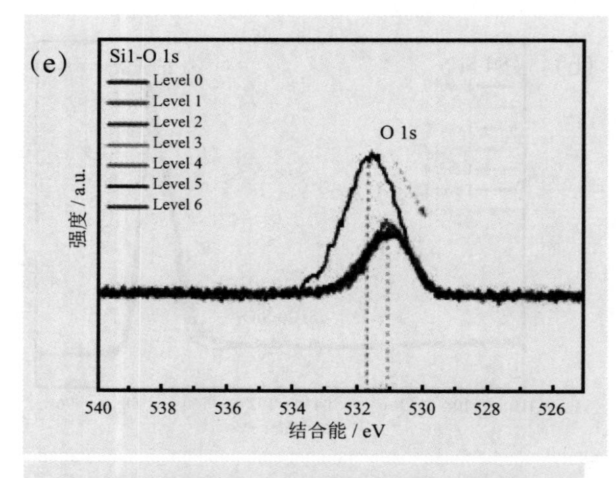

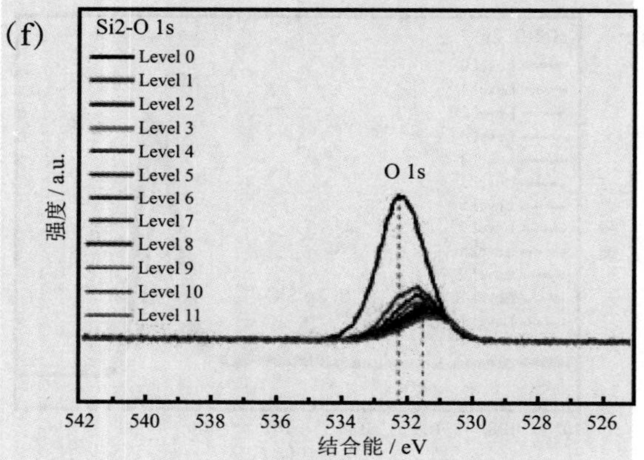

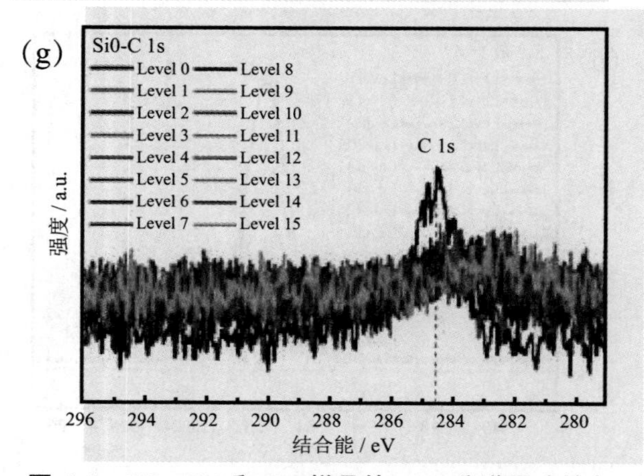

图 4-4　Si0、Si1 和 Si2 样品的 XPS 分谱图（续）

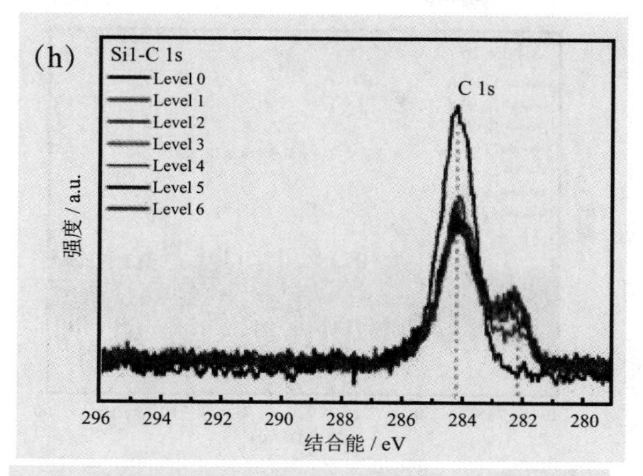

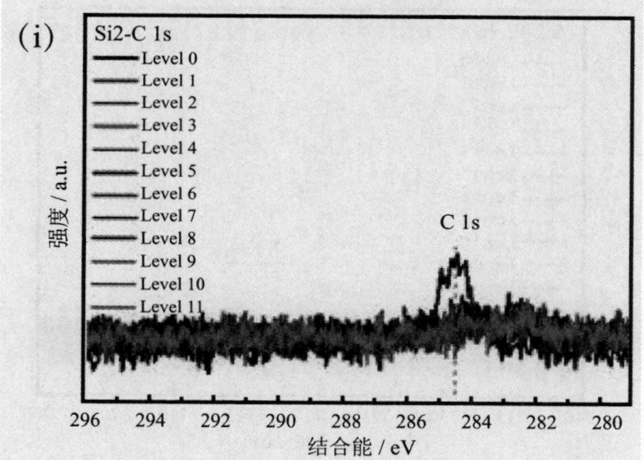

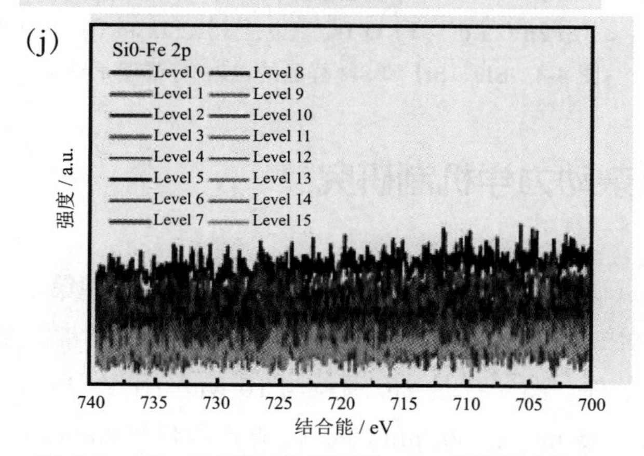

图 4-4　Si0、Si1 和 Si2 样品的 XPS 分谱图（续）

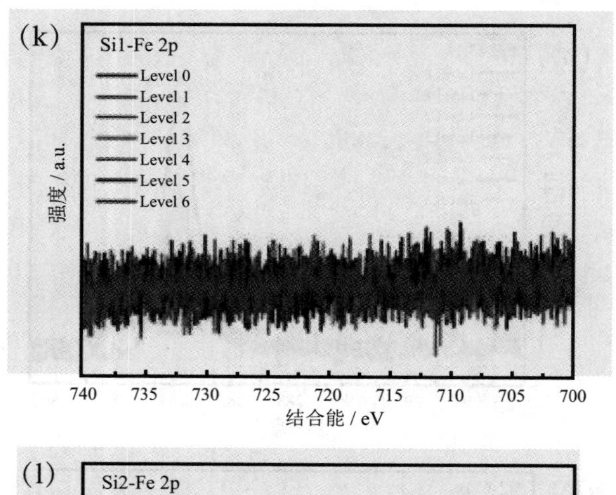

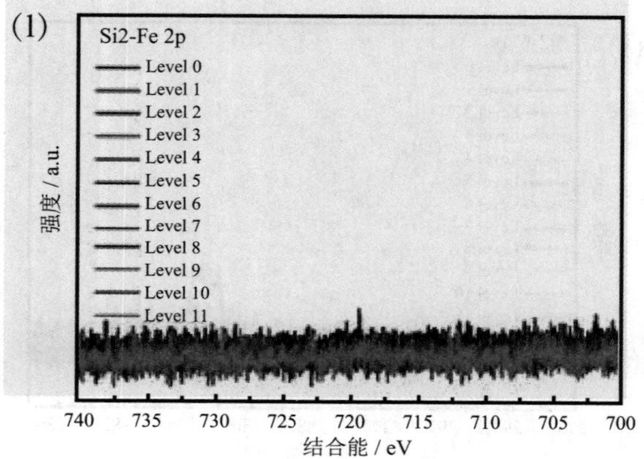

（a ~ c）Si 2p、（d ~ f）O 1s、（g ~ i）C 1s 和（j ~ l）Fe 2p

图 4-4　Si0、Si1 和 Si2 样品的 XPS 分谱图（续）

4.2.2　除杂动力学机制研究

本节重点研究了在常温机械搅拌条件下，预处理第 1 步中 HF 腐蚀时间的长短对 Si 颗粒中金属杂质的去除效果，确定了常规腐蚀去除金属杂质的最优条件。图 4–5 是 Si0 颗粒与 10 wt.%HF 在 25 ℃ 分别反应 15 min、30 min、45 min 和 60 min 的金属杂质含量检测结果。在 15 min、30 min、45 min 和 60 min 时总金属杂质的浓度分别约为 70.85×10^{-6}、46.08×10^{-6}、41.33×10^{-6} 和 33.36×10^{-6}，对应的去除效率分别达到 29.40%、54.09%、58.82% 和 66.76%。当酸浸出时间达到 60 min 时，化学反应基本趋于平衡，可最大程度地去除 Si 颗粒外层 SiO_2 中附着的金属杂质。

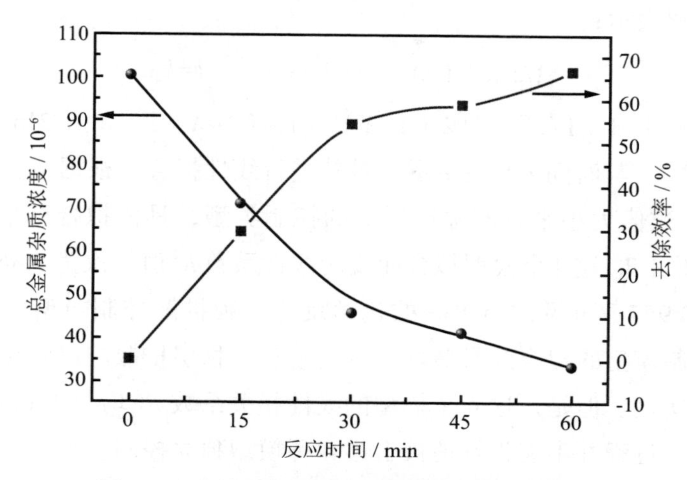

图 4–5　腐蚀时间对金属杂质除杂效果的影响

结合之前的 Si 颗粒表面改性模型，我们认为附着在 SiO_2 外层上的金属杂质是物理分布的，且金属杂质与 HF 的化学反应是从 SiO_2 最外层开始，由表及里逐步浸出反应。为此，结合本节的实验浸出数据，对金刚线切割 Si 颗粒中杂质的去除进行了不同动力学模型研究。首先，假设切割 Si 料的粒径大小在浸出反应过程中是不变的，采用反应过程中具有恒定粒径的收缩未反应芯模型，也称为异质控制模型，其一般包括膜扩散控制、产物层扩散控制、化学反应控制和其他混合控制模型[150–153]。以下式（4–1）~ 式（4–4）是异质控制模型的杂质去除率与时间的关系式，其中 t 是腐蚀时间，X 是金属杂质的去除效率（%），是属于时间 t 的函数，k_i 是不同控制模型的反应常数。

若反应是膜扩散控制时，去除率与时间的关系可以用以下方程表示：

$$X=k_1t \tag{4–1}$$

若反应是产物层扩散控制时，去除率与时间的关系可以用以下方程表示：

$$1-3(1-X)^{2/3}+2(1-X)=k_2t \tag{4–2}$$

若反应是化学反应控制时，去除率与时间的关系可以用以下方程表示：

$$1-(1-X)^{1/3}=k_3t \tag{4–3}$$

若反应是膜和产物层扩散的混合模型时，去除率与时间的关系可以用以下方程表示：

$$1/3\ln(1-X)+(1-X)^{-1/3}-1=k_4t \quad (4\text{–}4)$$

做 X、$1-3(1-X)^{2/3}+2(1-X)$、$1-(1-X)^{1/3}$ 和 $1/3\ln(1-X)+(1-X)^{-1/3}-1$ 与时间 t 的关系图，对其进行线性拟合，根据拟合的线性相关系数 R^2 数值大小来判断除杂反应的控制类型，具体拟合结果如图 4–6 所示。由图可知，这 4 个模型拟合曲线的线性系数 R^2 值依次为 0.861、0.964、0.918 和 0.957。可见，与单一的化学反应、膜扩散控制模型相比，产物层扩散控制模型的拟合效果最好，然后膜和产物层扩散的混合控制模型的拟合效果次之。但是，这 4 个模型的线性相关系数 R^2 均小于 0.990，说明该浸出反应过程并不能很好地被上述 4 种模型独立控制。

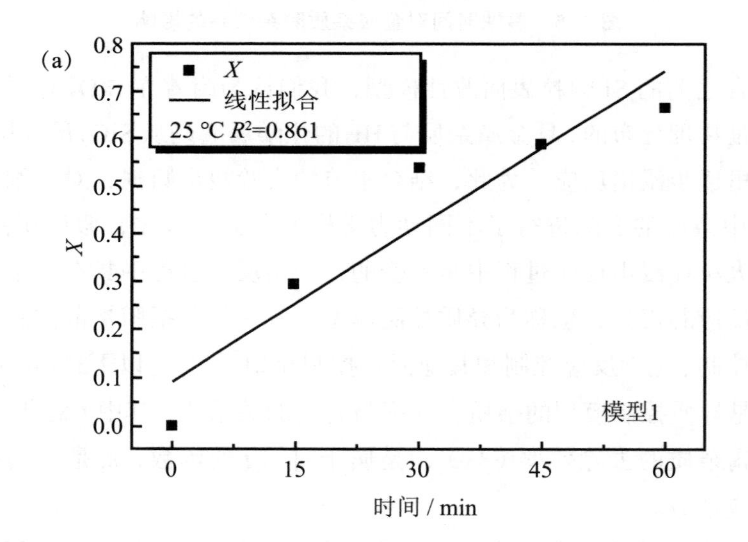

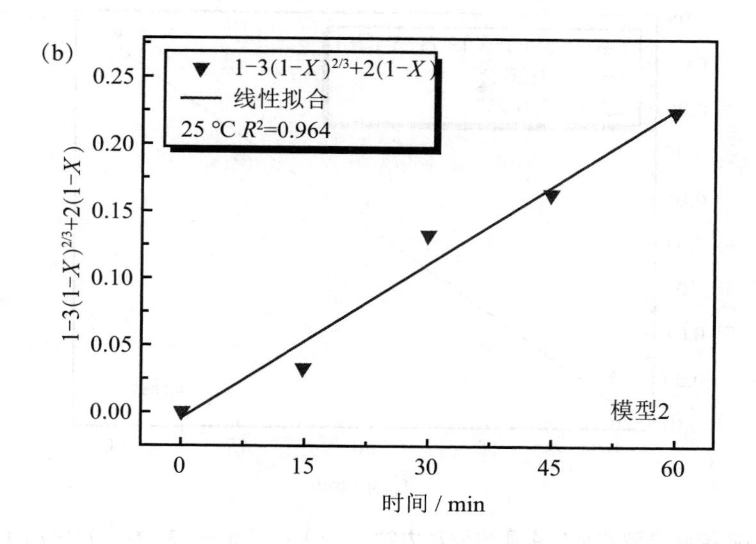
(b)
1−3(1−X)^2/3+2(1−X)
线性拟合
25 °C R²=0.964
1−3(1−X)^2/3+2(1−X)
0.00
0.05
0.10
0.15
0.20
0.25
0
15
30
45
60
时间 / min
模型2

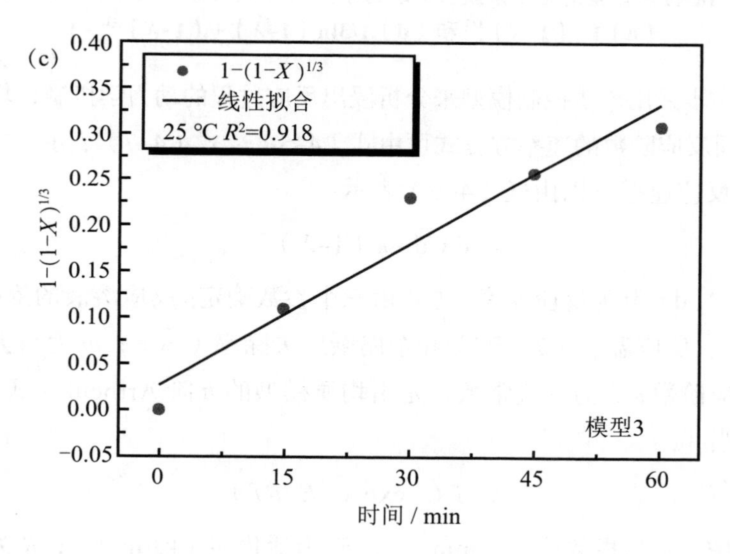
(c)
1−(1−X)^1/3
线性拟合
25 °C R²=0.918
1−(1−X)^1/3
−0.05
0.00
0.05
0.10
0.15
0.20
0.25
0.30
0.35
0.40
0
15
30
45
60
时间 / min
模型3

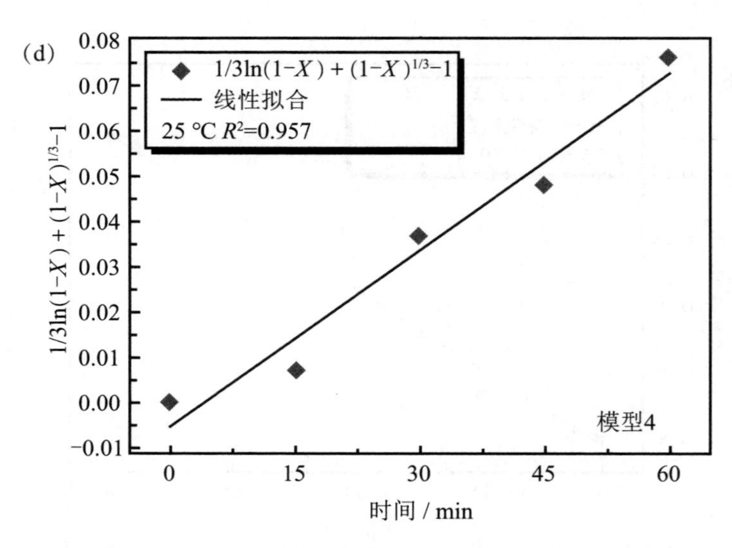

图 4-6　缩芯控制模型的金属杂质去除动力学：（a）X、（b）$1-3(1-X)^{2/3}+2(1-X)$、（c）$1-(1-X)^{1/3}$ 和（d）$1/3\ln(1-X)+(1-X)^{-1/3}-1$

进一步采用均质控制模型来分析浸出反应过程的动力学机制，均质控制模型不同反应阶数的速率方程式可由式（4–5）~ 式（4–7）表示[154, 155]，其中 m 级反应速率可以由式（4–5）表示：

$$dX/dt=k(1-X)^m \tag{4-5}$$

其中，dX/dt 为反应速率，主要由三个参数确定：反应溶液的浓度（C_{HF}，mol/L）、反应温度（T，℃）和金属杂质去除率（%）；m 为与去除率相关的反应阶数；k 为反应常数，是由均质模型的 n 阶 Arrhenius 式（4–6）确定[156]：

$$k=A\cdot C^n\cdot \exp(-E_a/RT) \tag{4-6}$$

其中，A 为指数因子（min^{-1}）；E_a 为活化能（kJ/mol）；R 为气体常数，其值为 8.314 J·（mol·K）$^{-1}$；n 为反应阶数。简化该函数表达就得到了如式（4–7）所示的函数 $Y(X)$：

$$Y(X)=[(1-X)^{1-m}-1]/m-1=k_5t \tag{4-7}$$

图 4–7 是不同反应阶数 m（0、1/2、1、3/2、2、5/2、3 和 4）的均质控制模型的线性拟合结果。由图可知从反应阶数 0 到 4 的线性相关系数 R^2 值先升高后降低。在 m 为 2 和 5/2 的线性拟合相关系数都大于 0.990，

其中 m=2 时，R^2 数值最大，达到 0.992，可见，浸出反应动力学表明该浸出反应是受均质控制模型下的二级反应控制的。图 4–8 进一步对二阶反应控制的均质模型下腐蚀除杂的反应过程进行了深入解析，发现在反应第一阶段，首先依附于 Si 颗粒外面的金属杂质被 HF 溶解，然后在反应第二阶段，Si 颗粒表面 SiO_2 层被 HF 刻蚀掉，同时 SiO_2 层中痕量的金属杂质被暴露出来，被 HF 进一步溶解掉。

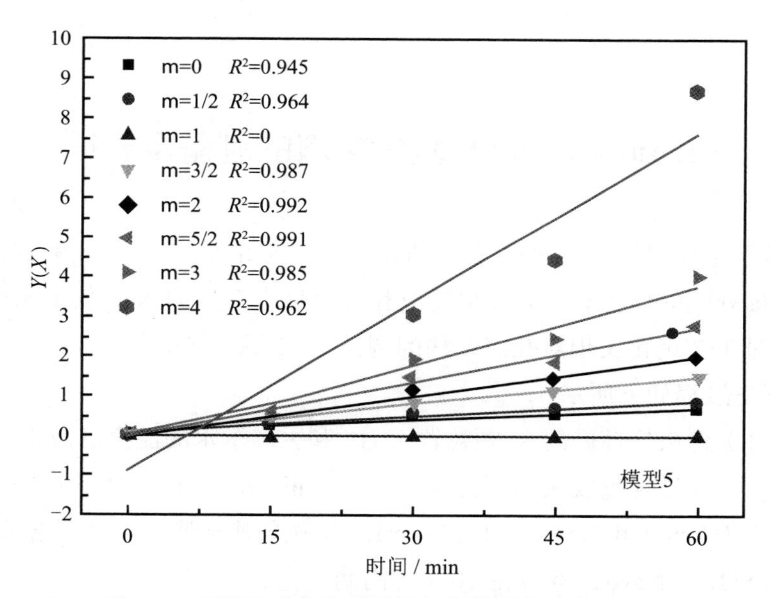

图 4–7 不同反应阶数的均质控制模型的除杂动力学

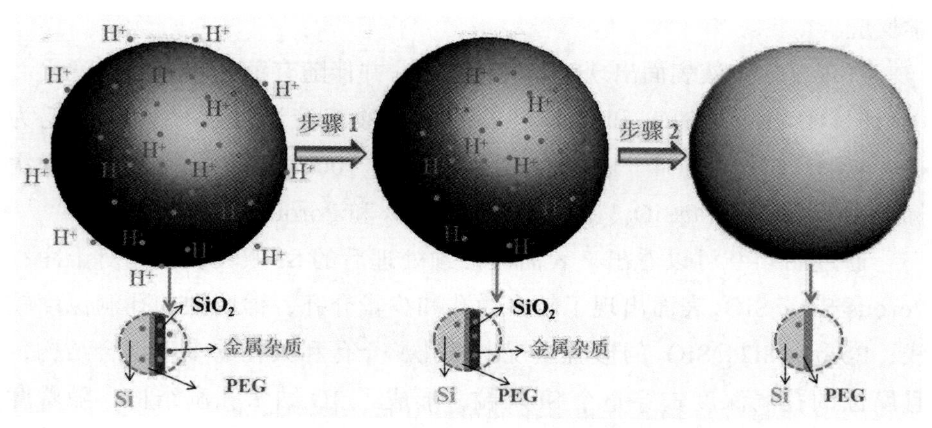

图 4–8 均质控制模型下 Si 腐蚀反应过程示意图

4.3 Porous Si@SiO_2复合材料的制备及机理研究

4.3.1 Porous Si@SiO_2复合材料的制备及表征

基于金属辅助刻蚀多孔 Si 的方法，本章提出采用 $NaNO_2$ 为催化剂，利用 $NaNO_2$ 在酸性条件下歧化反应和分解反应产生的 NO_2 气泡来腐蚀打孔。通过工艺优化实现对孔洞结构的调控，得到最优 Porous Si@SiO_2 结构。具体制备过程如下所示：

（1）将预处理后的 Si 颗粒置于 HF 和去离子水的混合溶液中。

（2）通过定量胶头滴管分别以 2 mL/min 和 1 mL/min 的控制速率将稀 HNO_3（25%）和 $NaNO_2$（0.15 g/mL）溶液匀速地滴入上述混合溶液中，保证 HNO_3 和 $NaNO_2$ 溶液在 10 min 内滴加完成。

（3）腐蚀体系在 150 r/min 下搅拌 120 min，反应过程涉及一系列化学反应。

发现反应溶液表面出现较厚的泡沫层，并伴随有黄色 NO_2 气体逸出。由 HF、HNO_3、$NaNO_2$ 和 H_2O 组成的特殊酸溶液浓度比例依次设定为 12∶4∶1∶60、16∶4∶1∶80 和 20∶4∶1∶100，对应得到的样品依次标记为 Porous Si1@SiO_2、Porous Si2@SiO_2 和 Porous Si3@SiO_2。

通过图 4-9 可以看出，表面改性预处理后的 Si 颗粒表面相对干净；Porous Si1@SiO_2 表面出现了较多微孔和少量介孔，但腐蚀的孔洞深度较浅；Porous Si2@SiO_2 的形貌呈现出微孔、介孔和大孔的多重组合结构，且腐蚀的孔洞深度贯穿整个 Si 颗粒，形成了 3D 纳米孔洞结构；随着腐蚀浓度比例的继续增加，Porous Si3@SiO_2 结构被过度腐蚀，出现了亚微米的大孔洞，且局部存在较大面积结构崩塌的现象。BET 测试结果表明预处理 Si、Porous Si1@SiO_2、Porous Si2@SiO_2 和 Porous Si3@SiO_2 的比表面积数值分别为 16.8 m^2/g、47.6 m^2/g、72.9 m^2/g 和 58.4 m^2/g。可见，Porous Si2@SiO_2 结构的比表面积最大，其 3D 纳米孔洞结构形貌最好，可作为后期制备包覆型 Porous Si@SiO_2@C 复合材料的多孔前驱体。

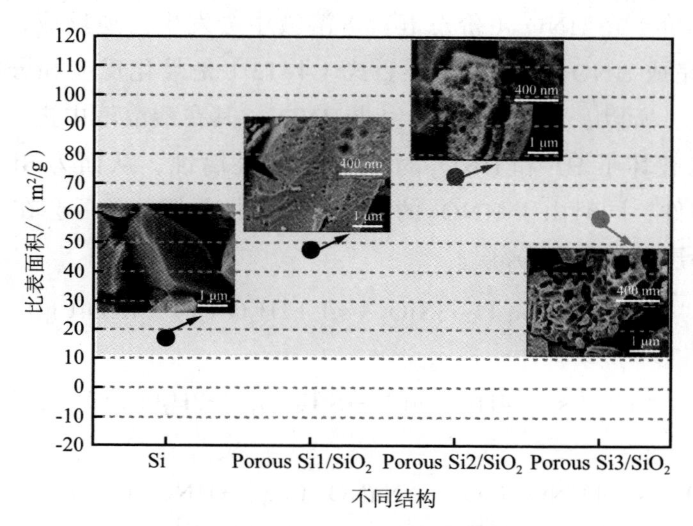

图 4-9　不同多孔结构的比表面积和 SEM 图

4.3.2　Porous Si@SiO_2 复合材料的制备机理研究

引入 $NaNO_2$ 作辅助催化剂的气泡腐蚀法打孔涉及复杂的系列化学反应，包括传质反应、氧化反应、歧化反应、分解反应和扩散等过程，具体分析鲜有报道。因此，本研究对 Porous Si@SiO_2 结构制备过程中涉及的化学反应进行了深入的机理解析。

热力学分析和制孔示意图分别如图 4-10 和图 4-11 所示。式（4-8）和（4-9）对应的 $\Delta G1$ 和 $\Delta G2$ 值在 281 ~ 331 K 都小于 0，其中 HNO_3 在腐蚀体系中起强氧化性作用，使 Si 颗粒表面更易被氧化形成 SiO_2。HF 由于其酸性较弱，在溶液中可电离的 H^+ 数量有限，对单质 Si 不易腐蚀，所以 HNO_3 的引入还可以增加腐蚀体系中 H^+ 数量，从而促进 F^+ 对 Si 的络合作用，使得 HF 腐蚀掉 Si 颗粒表面的 SiO_2 层，形成 SiF_4 气体，而当 HF 浓度大时容易与其反应生成 H_2SiF_6。式（4–10）、式（4–11）和式（4–12）对应的 ΔG3、ΔG4 和 ΔG5 数值均小于 0。可见，$NaNO_2$ 在酸性条件下会形成 HNO_2，而 HNO_2 中的三价 N 非常不稳定，易于发生歧化反应（4–11）和分解反应（4–12）。歧化反应生成的 NO 气体（价态二价）在 HNO_3（价态五价）溶液中会发生可逆反应，再次生成 HNO_2，完成 HNO_2 的再生循环。式（4–13）是歧化反应和分解反应的组合反应。所以，加入 $NaNO_2$ 生成 HNO_2，其在酸溶液中进一步生成的 NO_2 气泡破坏了 HF 和 HNO_3 对 Si 的均衡性腐蚀，从而为 Si 表面打孔创造了条件，同时由于 HNO_3 的持续强氧化性作用，最后会在多孔 Si 表面生成一层纳米级 SiO_2 层。

$$3Si(s)+4HNO_3(aq)\rightarrow 3SiO_2(s)+2H_2O(l)+4NO(g) \quad (4\text{–}8)$$

$$SiO_2(s)+4HF(aq)\rightarrow SiF_4(g)+2H_2O(l) \quad (4\text{–}9)$$

$$NaNO_2(s)+HNO_3(aq)\rightarrow NaNO_3(aq)+HNO_2(aq) \quad (4\text{–}10)$$

$$3HNO_2(aq)\rightleftharpoons HNO_3(aq)+2NO(g)+H_2O(l) \quad (4\text{–}11)$$

$$2HNO_2(aq)\rightarrow NO_2(g)+NO(g)+H_2O(l) \quad (4\text{–}12)$$

$$HNO_2(aq)+HNO_3(aq)\rightarrow 2NO_2(g)+H_2O(l) \quad (4\text{–}13)$$

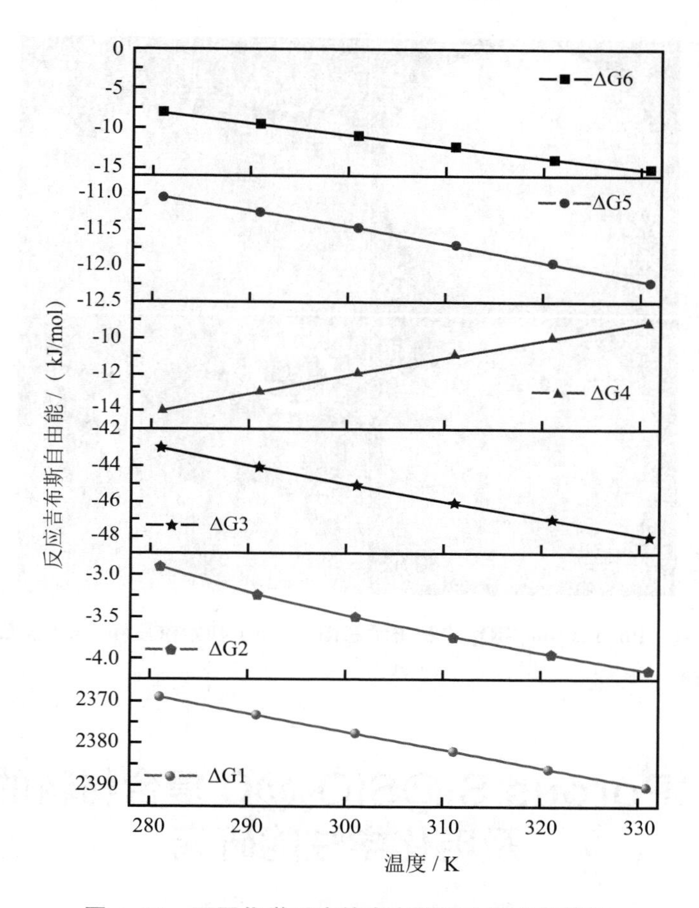

图 4-10 不同化学反应的吉布斯自由能变化情况

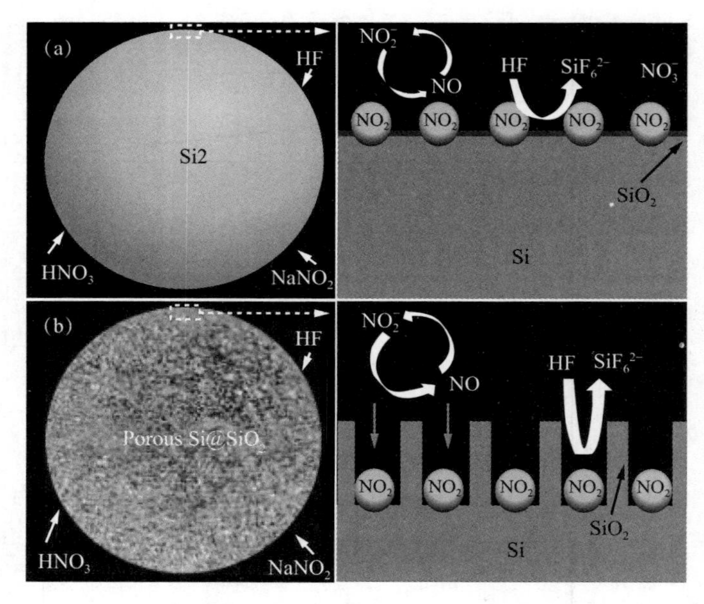

图 4-11　Porous Si@SiO$_2$ 的制备示意图：（a）初始阶段和（b）反应阶段

4.4　Porous Si@SiO$_2$@C 复合材料的制备及电化学性能研究

4.4.1　Porous Si@SiO$_2$@C 复合材料的制备及表征

Porous Si@SiO$_2$@C 复合材料的制备过程如图 4-12 所示。首先，金刚线切割 Si 粉经过表面改性优化预处理后，得到较纯 Si 粉，再通过 NaNO$_2$ 辅助催化的特殊气泡腐蚀法制备得到 3D 纳米 Porous Si@SiO$_2$ 结构。然后，将 Porous Si@SiO$_2$ 材料和聚乙烯吡咯烷酮（PVP）以 1∶1 的质量比倒入去离子水中，在 50 ℃ 下磁力搅拌 5 h 直至混合均匀，离心清洗后制备得到 Porous Si@SiO$_2$@PVP 前驱体。最后，将一定质量的前驱体 Porous Si@SiO$_2$@PVP 放置在 Ar 气氛的管式炉中，以 5 ℃/min 加热到

500 ℃下保温 3 h，最终高温碳化得到包覆型 Porous Si@SiO$_2$@C 复合材料。

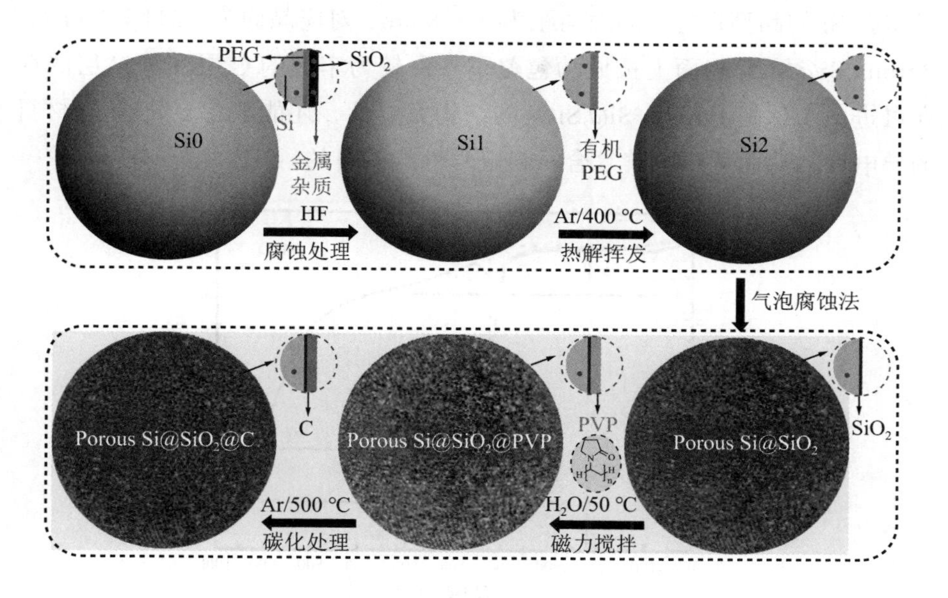

图 4–12　Porous Si@SiO$_2$@C 复合材料的制备示意图

图 4–13（a）是 PVP 在 Ar 气保护下的 TGA 和 DSC 检测结果。PVP 在 400 ℃左右开始发生裂解，约在 425 ℃处对应的是 DSC 放热峰的峰值，处于裂解的最大斜率处，在 500 ℃附近 PVP 的热解碳化处于稳定状态，此时的剩余质量百分比仅为 7.3 wt.%，即对应碳化得率为 92.7 wt.%。图 4–13（b）是 Porous Si@SiO$_2$ 和 Porous Si@SiO$_2$@C 的 XRD 检测结果。在 25° 附近有一个微弱的窄峰，其对应于热解 C 的存在，并且在 2θ=28°、47°、56°、69°、76° 和 88° 对应的 Si 晶面分别是（111）、（220）、（311）、（400）、（331）和（422）。图 4–13（c）是 Porous Si@SiO$_2$@C 的 XPS 全谱检测结果。由图可知 XPS 在 532.5 eV、285.5 eV、149.0 eV 和 99.0 eV 处分别对应物相 O 1s、C 1s、Si 2s 和 Si 2p。图 4–13（d）是 Si 2p 的 XPS 分谱图，结果表明在 99.0 eV、103.0 eV 和 100.0 eV 处的拟合分峰分别对应 Si、O=Si=O 和 Si—O—C 的官能团。O=Si=O 的存在表明在多孔 Si 结构表面成功生长了一层 SiO$_2$ 层，而且形成的 Si—O—C 基团进一步表明非晶 SiO$_2$ 层以 Si—O—C 官能团的形式增强了 Si 与 C 界面之间的结合力，有利于 C 材料的复合 [157, 158]。图 4–13（e）~ 图 4–13（g）

的 TEM 结果表明，多孔 Si 结构最外 SiO_2@C 层的厚度约为 10 ~ 30 nm，且多孔 Si 的晶型良好，晶面间距为 0.618 nm，对应晶面为（311）。可见，Porous Si@SiO_2 表面上被成功包覆了一层较为牢固的 C 层，该 C 层的存在可进一步保持 Porous Si@SiO_2 的结构完整性，还能改善多孔 Si 基材料的导电性，从而达到改善复合材料电学性能的目的。

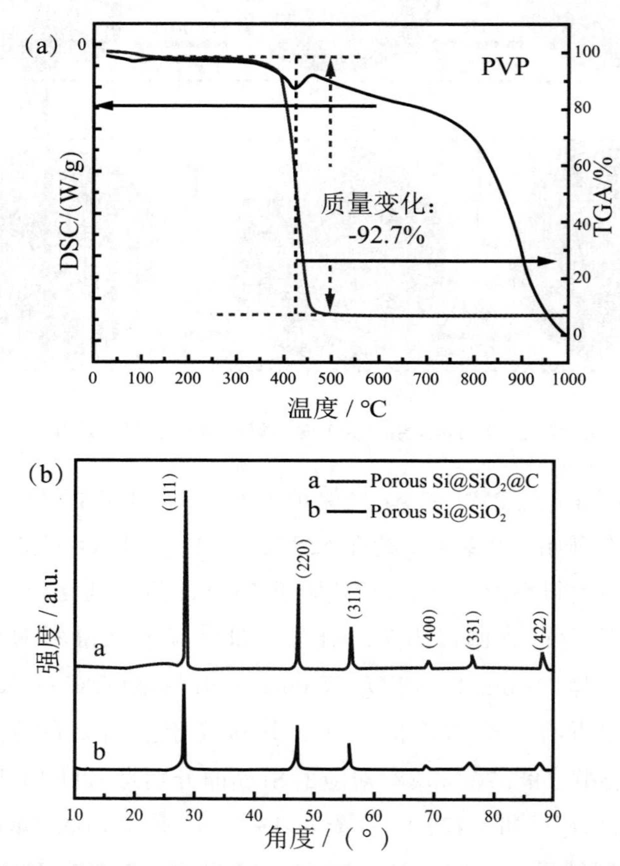

图 4–13 （a）PVP 的 TGA 曲线、（b）XRD、（c）Porous Si@SiO_2@C 的 XPS、（d）Si 2p 分谱、（e）TEM、（f）HRTEM 和（g，h）Si 和 C 的选区电子衍射图

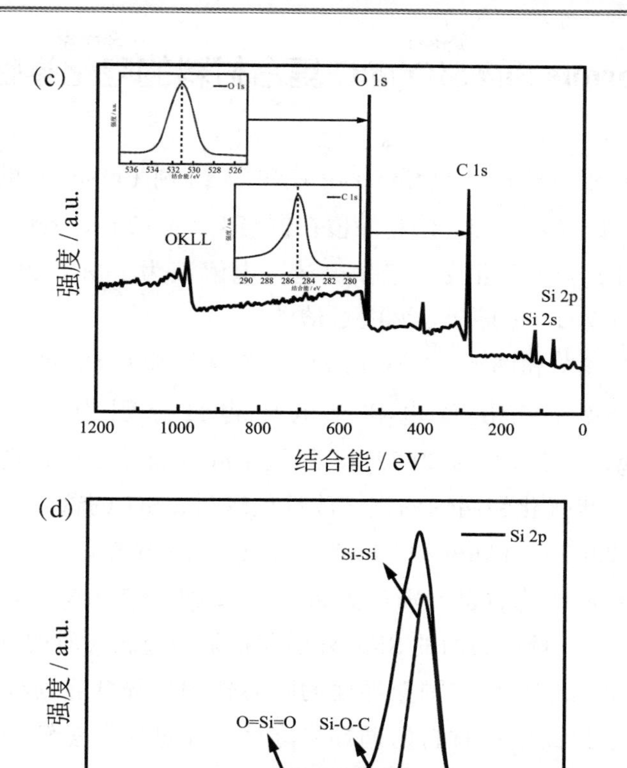

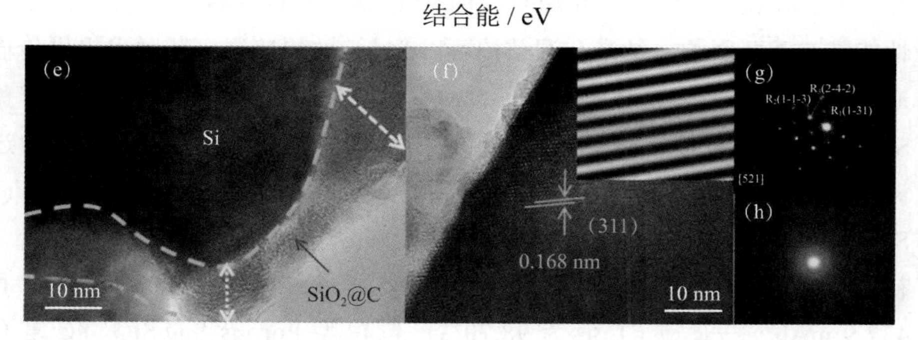

图 4-13 （a）PVP 的 TGA 曲线、（b）XRD、（c）Porous Si@SiO$_2$@C 的 XPS、（d）Si 2p 分谱、（e）TEM、（f）HRTEM 和（g，h）Si 和 C 的选区电子衍射图（续）

4.4.2 Porous Si@SiO_2@C 复合材料的电化学性能研究

活性材料、导电剂（Super-P）和黏结剂（CMC）的质量比为70：15：15，将混合均匀的浆料涂覆在铜箔上，在120 ℃下真空干燥12 h，切割后获得的电极片组装成纽扣电池。电解液为1 M $LiPF_6$溶于EC和DEC（体积比为1：1）+10.0%FEC溶液。

图4-14（a）和图4-14（b）分别是循环性能和CE的检测结果。在0.1 A/g下，Si0的首次放电和充电比容量分别为2195.5 mAh/g和653.6 mAh/g，首次CE为29.77%，经过100次循环后比容量几乎消失殆尽。经过第1步优化酸腐蚀的表面改性处理后，Si1的首次放电和充电比容量分别为2367.9 mAh/g和778.0 mAh/g，首次CE值为32.86%，且循环100次后对应的比容量分别为33.4 mAh/g和33.2 mAh/g。可见，经过HF预处理后，Si颗粒表面的SiO_2外层和粘附的金属杂质被有效去除后，可有效减弱Li^+迁移到Si颗粒界面的阻碍作用，降低界面处的不可逆副反应，有利于提高电极材料的循环稳定性。经过高温热解表面改性处理后，Si2的首次放电和充电比容量分别为2645.7 mAh/g和1834.8 mAh/g，首次CE为69.35%，且100次循环后对应的比容量分别达到230.0 mAh/g和229.2 mAh/g。可见，Si颗粒表面PEG沾污层的去除对改善电极循环性能具有重要影响。纳米孔洞结构可以为Li^+的快速嵌入和脱出提供传输通道，也为Si的体积膨胀提供了缓冲空间。外面包覆的SiO_2层可以避免Si与电解质的直接接触，减少不可逆副反应的发生，同时，SiO_2作为过渡层可增强Si和C之间的界面结合力。最优3D纳米结构的Porous Si@SiO_2材料首次放电和充电比容量分别为2894.7 mAh/g和2418.5 mAh/g，初始CE值为83.55%，循环100次后的比容量分别达到445.5 mAh/g和437.9 mAh/g，对应CE值为98.70%。包覆型Porous Si@SiO_2@C复合材料的首次放电和充电比容量为2579.8 mAh/g和2184.1 mAh/g，首次CE值高达84.66%，且循环100次后的比容量分别达到1051.4 mAh/g和1038.2 mAh/g，对应CE值为98.74%，表现出优越的循环稳定性。

图4-14（c）和图4-14（d）是倍率性能和不同倍率下的首次充放电曲线结果。Porous Si@SiO_2@C复合材料在0.1 A/g、0.2 A/g、0.5 A/g、

1.0 A/g、2.0 A/g、3.0 A/g 和 0.1 A/g 的放电比容量为 2787.1 mAh/g、1904.5 mAh/g、1467.3 mAh/g、1091.2 mAh/g、663.0 mAh/g、319.8 mAh/g 和 1328.0 mAh/g。电极材料有较长的充电电压平台，大概在 0.30～0.50 V 之间。图 4–14（e）的 CV 曲线表明 Porous Si@SiO$_2$@C 复合材料的第 1 个还原峰出现在 1.0 V 附近，对应于 SEI 膜形成，且在随后循环中消失。在 0.01 V 和 0.21 V 附近分别出现两个尖锐的阴极峰，分别对应于晶体 Si 和非晶 Si 的嵌锂反应。在阳极氧化过程中，0.30～0.60 V 之间出现两个宽而尖锐的阳极峰，在 0.35 V 和 0.52 V 分别对应于两种状态 Li–Si 合金的脱锂反应，且随着循环的进行，去合金化反应的峰值电位没有发生偏移，而且氧化峰和还原峰之间的电势差值约为 0.31 V，具有较小的极化程度。图 4–14（f）的 EIS 曲线表明，在原始状态和第 100 次循环时，Porous Si@SiO$_2$@C 复合材料的半圆直径分别为 188.3 $\Omega\cdot cm^2\cdot s^{-1/2}$ 和 32.2 $\Omega\cdot cm^2\cdot s^{-1/2}$，表明随着多次循环后电极材料和电解质之间的界面阻抗变小。

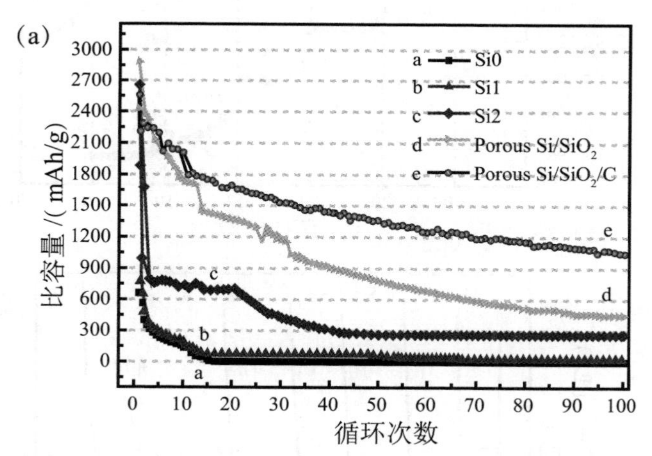

图 4-14　电化学性能：（a）循环性能、（b）CE、（c）倍率性能、（d）充放电曲线、（e）CV 和（f）EIS 曲线

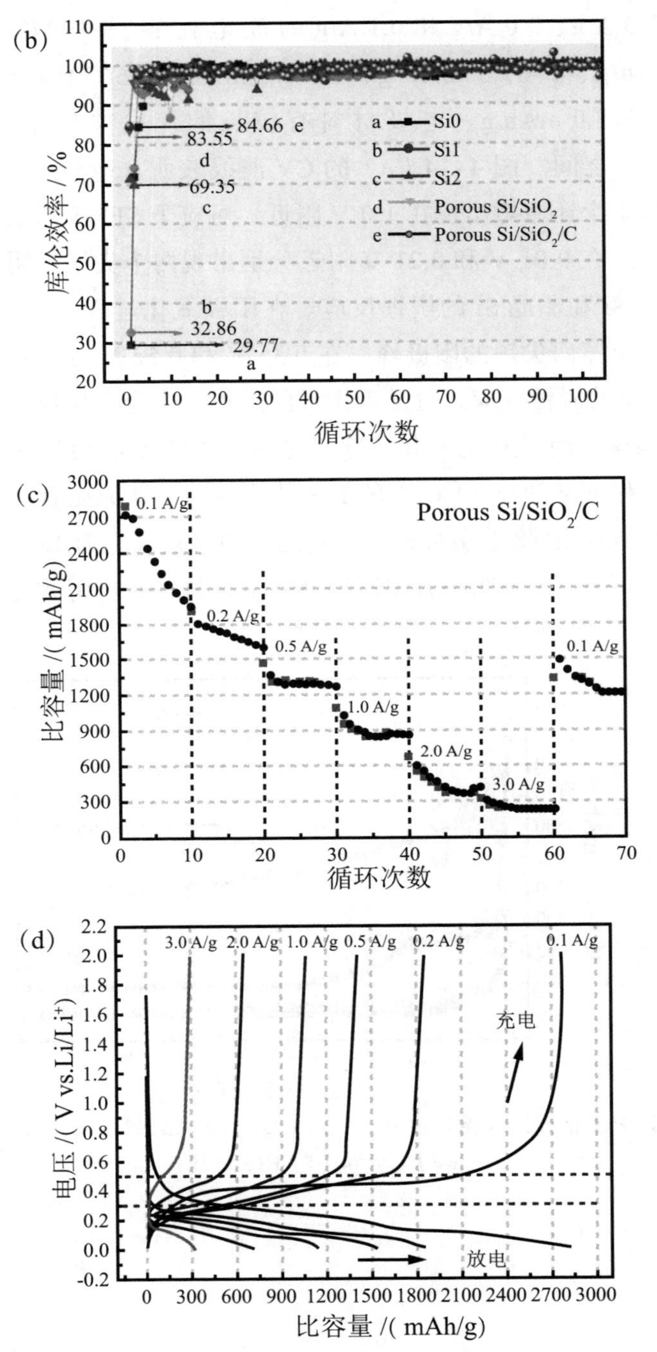

图 4-14　电化学性能：（a）循环性能、（b）CE、（c）倍率性能、（d）充放电曲线、（e）CV 和（f）EIS 曲线（续）

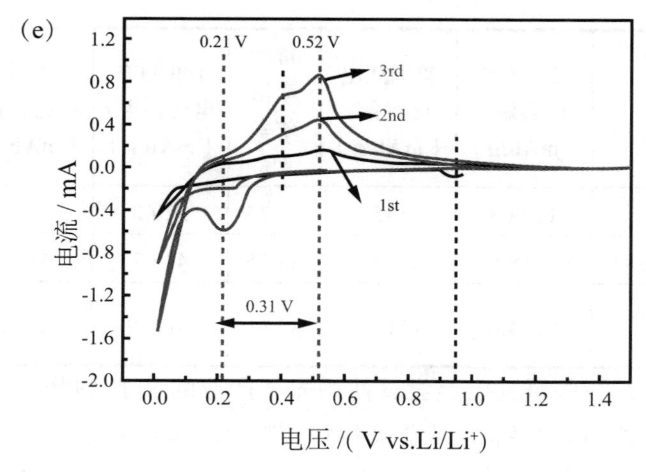

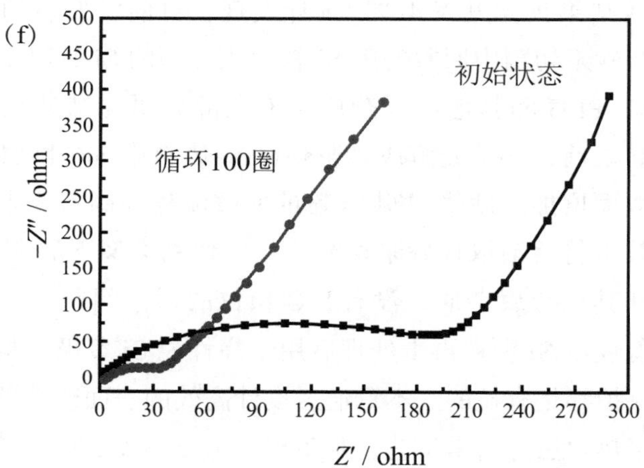

图 4-14 电化学性能：（a）循环性能、（b）CE、（c）倍率性能、（d）充放电曲线、（e）CV 和（f）EIS 曲线（续）

本章所有实验样品的电学性能对比情况具体见表 4-1。

表 4-1 不同实验样品的电化学性能对比

样品	首圈充电比容量 /（mAh/g）	首圈放电比容量 /（mAh/g）	首次库伦效率 /%	100 圈充电比容量 /（mAh/g）	100 圈放电比容量 /（mAh/g）	100th 库伦效率 /%
Si0	653.6	2195.5	29.77	0.7	0.9	77.78
Si1	778.0	2367.9	32.86	33.2	33.4	99.40

续表

样品	首圈充电比容量/（mAh/g）	首圈放电比容量/（mAh/g）	首次库伦效率/%	100 圈充电比容量/（mAh/g）	100 圈放电比容量/（mAh/g）	100th 库伦效率/%
Si2	1834.8	2645.7	69.35	229.2	230.0	99.65
Porous Si@SiO_2	2418.5	2894.7	83.55	439.7	445.5	98.70
Porous Si@SiO_2@C	2184.0	2579.8	84.66	1038.2	1051.4	98.74

近几年，一些研究已经尝试使用光伏产业的 Si 废料作为低成本资源来制备各种结构类型的 Si 基负极材料[159-167]，具体废 Si 基复合材料的电化学性能比较结果具体见表 4-2。统计发现，目前已发表的研究成果几乎都集中于从砂浆切割中回收的废 Si 料，该类型的 Si 废料主要包含了杂质 SiC、SiO_2、PEG 和其他金属杂质。绝大部分研究结果在制备锂离子电池负极材料之前，必须先解决砂浆切割 Si 废料中 SiC 磨料颗粒引入的污染问题，故而增加了砂浆切割 Si 粉的回收流程和制备成本。近年来，金刚线切割技术将逐渐取代砂浆切割，且该切割类型下的 Si 废料仅包括 SiO_2、PEG 和其他金属杂质，没有 SiC 颗粒的污染问题。因此，将金刚石线切割的低成本 Si 颗粒再生处理后用于高性能 Si 负极材料，对可持续发展和环境保护都是有益的。本章通过设计高效的表面改性预处理、气泡腐蚀法和高温热解法等简易工艺，制备出 Porous Si@SiO_2@C 复合材料，表现出更好的电化学性能。因此，本章研究内容进一步为资源节约型和环境友好型的 Si 基负极材料发展奠定了理论基础，同时又有望解决光伏产业中 Si 废料的污染问题。

表 4-2　回收 Si 废料用于 Si 基负极材料的电化学性能比较

复合物	废硅粉颗粒尺寸/μm	方法	首圈放电比容量/（mAh/g）	首次库伦效率/%	（n）放电比容量/（mAh/g）	参考文献
Si/C	waste Si（~ 5 μm）	化学 + 热解	1096.8	82.10	426.1（450）	[159]

续表

复合物	废硅粉颗粒尺寸 /μm	方法	首圈放电比容量 /(mAh/g)	首次库伦效率 /%	(n)放电比容量 /(mAh/g)	参考文献
Si-SiC-Ni	waste Si-SiC (0.1 ~ 20 μm)	腐蚀+球磨+碳化	~ 1200.0	~ 70.00	~ 700.0 (100)	[160]
Si/C	Si-SiC (< 1.5 μm)	腐蚀+快速热处理	3340.0	89.00	1157 (140)	[161]
Si/C	Si-SiC (0.5 ~ 10 μm)	提纯+快速热处理	1341.0	80.00	800 (100)	[162]
Si/SiC/C-veil	Si-SiC (~ 5 μm)	提纯+等离子体	~ 900.0	~ 77.80	~ 718 (80)	[163]
NanoSi@G	Si-SiC (1 ~ 5 μm)	喷雾干燥+腐蚀+球磨	1222.3	83.10	892.3 (150)	[164]
Si-GR	Si-SiC (0.1 ~ 10 μm)	喷雾干燥+腐蚀+热还原	~ 2300.0	~ 69.57	~ 1000 (50)	[165]
Recycled Si/SiC/C	Si-SiC (< 10 μm)	直流溅射	920.0	82.00	364 (80)	[166]
Self-assembled Si NP	Si-SiC (< 20 μm)	腐蚀+超声波喷涂+气溶胶辅助	~ 2700	—	~ 1300 (50)	[167]
Porous Si@SiO$_2$@C	waste Si (~ 5 μm)	气泡腐蚀+热解	2579.8	84.66	1051.4 (100)	本工作

所有电化学性能数据的比较都是根据文献统计的。

4.5 本章小结

本章通过优化设计预处理工艺，获得了纯度更高的微米级 Si 粉，并对金属杂质去除的动力学机制模型进行了深入解析，研究了 $NaNO_2$ 在酸性条件下腐蚀打孔的热力学机理，通过表面吸附和高温碳化处理后，利用复合材料各组分和多孔结构的协同效应，设计并制备出一种电化学性能优良的包覆型 Porous Si@SiO_2@C 复合材料，并得出了以下几点结论：

（1）提出一种短流程、环保的 Si 粉表面改性预处理工艺。预处理第 1 步结果表明，Si0 颗粒与 10 wt.%HF 反应了 15 min、30 min、45 min 和 60 min 后总金属杂质的去除效率分别达到 29.40%、54.09%、58.82% 和 66.76%。当酸浸出时间达到 60 min 时，化学反应基本趋于平衡，可最大程度去除 Si 颗粒表面的 SiO_2 层和附着的金属杂质。对其除杂异质和均质控制两种模型进行了动力学研究，发现异质控制模型中的 X、$1-3(1-X)^{2/3}+2(1-X)$、$1-(1-X)^{1/3}$ 和 $1/3\ln(1-X)+(1-X)^{-1/3}-1$ 的线性相关系数 R^2 值依次为 0.861、0.964、0.918 和 0.957。4 种模型的 R^2 值均小于 0.990，表明该浸出反应并不能完全被上述 4 种异质模型独立控制。进一步对均质控制模型的不同反应阶数 m 进行计算分析，发现 m 为 2 时的 R^2 值为 0.992，表明预处理 HF 酸浸出反应的动力学是受均质模型的二级反应控制的。

（2）预处理第 2 步是利用 PEG 热解产物的挥发性，在 400 ℃ 下热处理 3 h 后，Si 颗粒表面的 PEG 沾污层的去除率达到了 70.42%。电化学性能表明：在 0.1 A/g 下，样品 Si0、Si1 和 Si2 的首次放电和充电比容量分别是 2195.5 mAh/g/653.6 mAh/g、2367.9 mAh/g/778.0 mAh/g 和 2645.7 mAh/g/1834.8 mAh/g，对应首次 CE 值分别是 29.77%、32.86% 和 69.35%。循环 100 次后的 Si0、Si1 和 Si2 放电和充电比容量分别是 0.9 mAh/g/0.7 mAh/g、33.4 mAh/g/33.2 mAh/g 和 230.0 mAh/g/229.2 mAh/g，

对应 CE 值分别是 77.78%、99.40% 和 99.65%。可见，经过 HF 腐蚀和高温热解表面改性预处理可有效去除 SiO_2 层，粘附的痕量金属杂质和有机沾污层 PEG，进而减弱 Li^+ 迁移到 Si 颗粒界面受到的阻碍作用，降低界面处的不可逆副反应，提高 Si 电极材料的循环稳定性。

（3）提出 $NaNO_2$ 为催化剂的气泡腐蚀打孔方法。利用 $NaNO_2$ 在酸性条件下歧化反应和分解反应产生的 NO_2 气泡来打破 Si 界面的腐蚀平衡，为打孔创造条件。通过工艺优化，发现 $HF/HNO_3/NaNO_2/H_2O$ 配比为 16∶4∶1∶80 时反应 120 min，得到 Porous $Si@SiO_2$ 结构，其比表面积约为 72.9 m^2/g。从热力学角度对 Porous $Si@SiO_2$ 结构制备过程中涉及的传质、氧化反应、歧化反应、分解反应和扩散等进行了深入分析。3D 纳米 Porous $Si@SiO_2$ 材料的首次放电和充电比容量分别为 2894.7 mAh/g 和 2418.5 mAh/g，首次 CE 为 83.55%，经过 100 次循环后，对应比容量分别为 445.5 mAh/g 和 437.9 mAh/g。纳米孔洞结构为 Li^+ 的快速嵌入和脱出提供传输通道，也为 Si 的体积膨胀提供了缓冲空间。外面包覆的 SiO_2 层不仅可以避免 Si 与电解质的直接接触，减少不可逆副反应的发生，作为过渡层还可增强 Si 和 C 之间的界面结合力。

（4）通过表面吸附 PVP 和高温碳化得到包覆型 Porous $Si@SiO_2@C$ 复合材料，电化学性能表明：在 0.1A/g 下，Porous $Si@SiO_2@C$ 复合材料的首次放电和充电比容量为 2579.8 mAh/g 和 2184.1 mAh/g，首次 CE 值为 84.66%，循环 100 次后对应的比容量分别是 1051.4 mAh/g 和 1038.2 mAh/g。在 0.1 A/g、0.2 A/g、0.5 A/g、1.0 A/g、2.0 A/g、3.0 A/g 和 0.1 A/g 下的比容量分别是 2787.1 mAh/g、1904.5 mAh/g、1467.3 mAh/g、1091.2 mAh/g、663.0 mAh/g、319.8 mAh/g 和 1328.0 mAh/g，具有优越的倍率性能和循环性能。可见，纳米 C 层的包覆不仅可以提高复合材料的导电性，还可进一步巩固材料结构的稳定性。

5 珊瑚状 Porous Si@SiO_2@C 复合材料的制备及电化学性能研究

5.1 引言

第 4 章研究提出用 $NaNO_2$ 为催化剂，利用其在酸性条件下歧化反应和分解反应产生的 NO_2 气泡来破坏实心 Si 颗粒界面的腐蚀反应平衡，从而为打孔创造条件，但由于 NO_2 气泡在 Si 颗粒表面附着的不均匀性，导致气泡腐蚀制备得到的孔洞位置是随机分布的，且随着腐蚀深度的加深，容易出现局部孔洞结构崩塌的现象，即孔洞结构的品质相对较差。另外，采用催化剂辅助刻蚀打孔所使用的酸溶液配比较为复杂，且对匹配的辅助催化剂要求较高，面临废液难以回收处理和打孔成本高等问题。因此，选择一种成本更低、打孔过程更简单、多孔结构更稳定的微米级 Si 基材料具有重要的意义。

近几年，用去合金化腐蚀法制备多孔 Si 得到了广泛关注 [135-144]。Tian 等 [135] 将价格低廉的 Al–Si 合金铸锭通过使用酸刻蚀、高能球磨和碳化处理合成了由 20 nm C 包覆的由二次纳米 Si 颗粒组成的微米尺寸 Si/C 复合材料，其初始比容量为 1182 mAh/g，300 次循环后比容量保持率达到 86.8%。Qian[136] 等人以 Al–Si 合金为原料，去合金化腐蚀后制备得到 5 ~ 10 μm Si/C@TiO_2 复合颗粒，其循环 100 次后比容量为 1077.3 mAh/g。Ye[137] 等人采用 80 nm 的 10%Si–Al 合金制备出 Si/p–NC 复合材料，循环 800 次后比容量约为 800.0 mAh/g。但是，从相图角度对微米 Al–Si 合金物相组成及去合金化后多孔结构组成对电化学性能影响机制的深入探究还鲜有报道。因此，本研究选择价格低廉的微米 Al–Si 合金粉为实验原材料，通过去合金化得到由亚微米的初晶 Si 和纳米共晶 Si 棒组成的 3D 珊瑚状多孔 Si 结构，再经过预氧化和高温碳化处理，最终制备出双壳层约束的新型珊瑚状 Porous Si@SiO_2@C 复合结构（> 20 μm），表现出良好的循环稳定性。

5.2 Al–Si 合金粉的选择及表征研究

5.2.1 Al–Si 合金的结构和形貌

实验所用 Al–Si（～20 wt.%）合金粉采购于湖南吉维信粉体有限公司，其是由氮气高压高速雾化技术制备而得。图 5–1 是 Al–Si 合金粉的形貌和粒径分布图，可以看出 Al–Si 合金粉是 3D 球形颗粒，整体上颗粒分布是相对均匀的，如图 5–1（a）～图 5–1（c）所示。其中，Al、Si 和 O 的 EDS 元素面分布是均匀的，如图 5–1（d）所示，且 Al、Si 和 O 元素的质量比例分别约为 77.22 wt.%、17.72 wt.% 和 5.06 wt.%，如图 5–1（e）所示。图 5–1（f）是 Al–Si 合金的粒径分布，可见球形 Al–Si 颗粒的中位径（D50）约为 21 μm，分布较为集中。

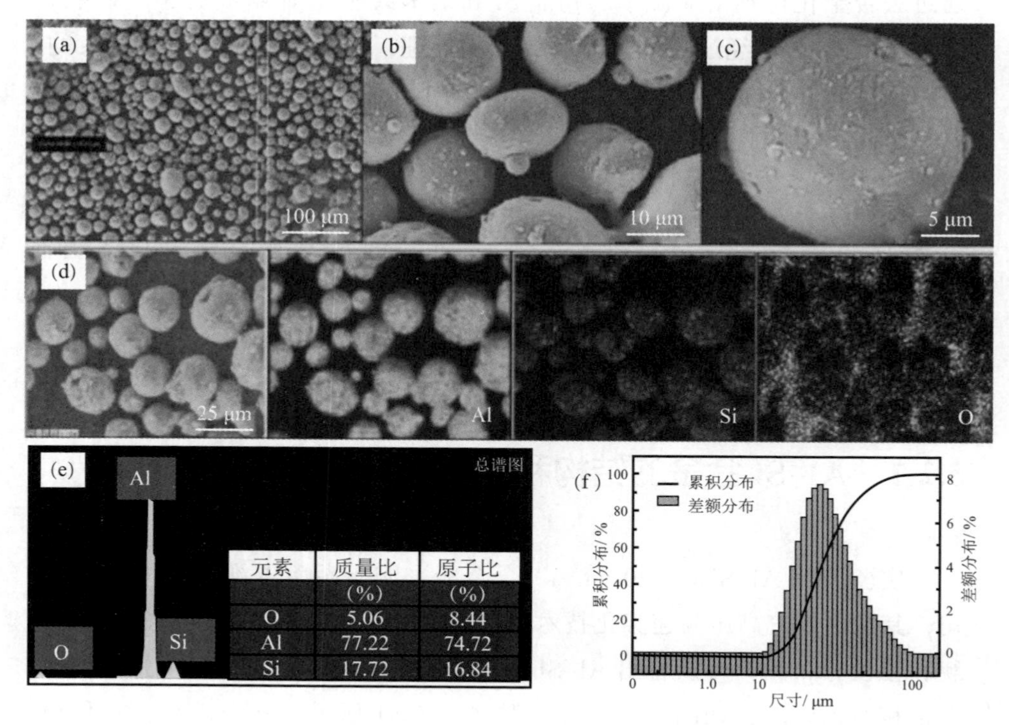

元素	质量比 (%)	原子比 (%)
O	5.06	8.44
Al	77.22	74.72
Si	17.72	16.84

图 5-1　Al-Si 合金粉（a ~ c）SEM、（d）元素面分布、（e）EDS 成分和（f）粒径分布

5.2.2　Al-Si 合金选择的技术分析

为了探索 Al-Si 合金物相组成及去合金化后孔洞组成对电化学特性的影响，首先尝试对 Al-Si 合金颗粒的截面进行分析。为此，将胶木粉和 Al-Si 合金粉以大约 500：1 的质量比均匀混合，倒入镶嵌机的模具中压实，在 145 ℃下加热 20 min 后得到镶嵌样品，然后通过砂纸粗抛和细抛处理，再对抛光后的样品底面进行 HCl 的轻微腐蚀，以便观察 Al-Si 合金颗粒截面形貌及内部孔洞物相组成的分布情况。

图 5-2（a）~ 图 5-2（c）是镶嵌样品 Al-Si 颗粒的截面图，颗粒截面整体上呈现圆形，硬而脆的初晶组织 Si 相在抛光过程中容易被剥落。对其进行轻微 HCl 腐蚀，发现图 5-2（d）所示的颗粒截面出现结构，其

是由亚微米尺寸的不规则初晶组织和纳米共晶组织组成。

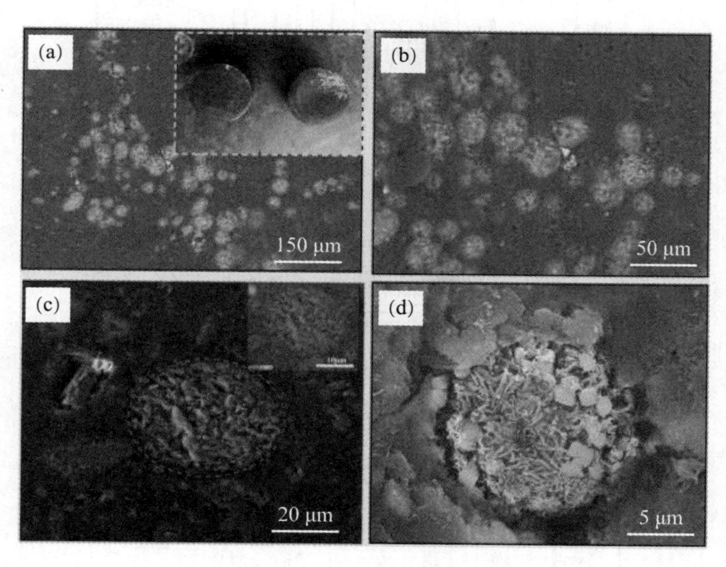

图 5–2　SEM 图：（a ~ c）镶嵌的 Al–Si 合金抛光后和（d）HCl 轻微腐蚀处理

图 5–3 是整个颗粒和局部位置的线扫描结果。图 5–3（a）可以看出颗粒截面主要元素 Si、Al 和 O 的分布是相对均匀的，其中边缘 C 的分布来源于胶木粉。图 5–3（b）是初晶组织局部线扫描的结果，表明初晶组织成分是 Si，而 Al 和 O 元素的强度几乎可以忽略不计。可见，该亚微米级的初晶组织就是初晶 Si，与后面的相图分析吻合。

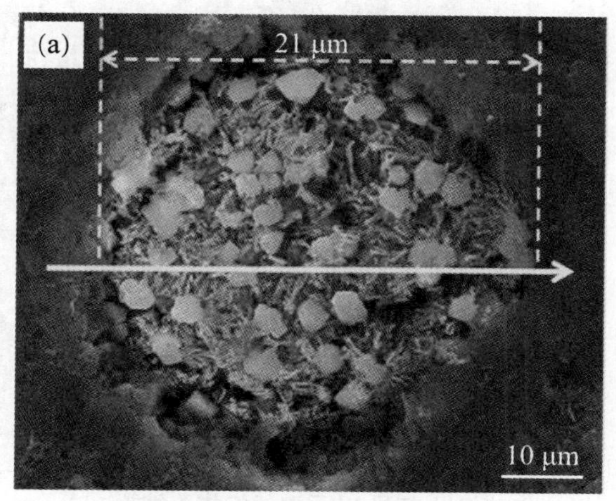

图 5-3　Al-Si 颗粒轻微腐蚀后的截面 SEM 图：（a）元素线扫描和（b）初晶 Si 元素线扫描

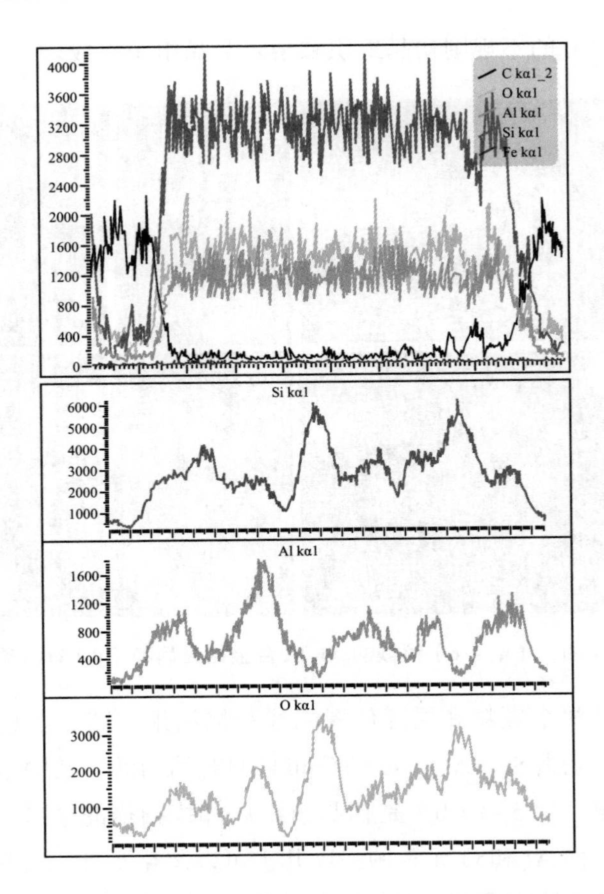

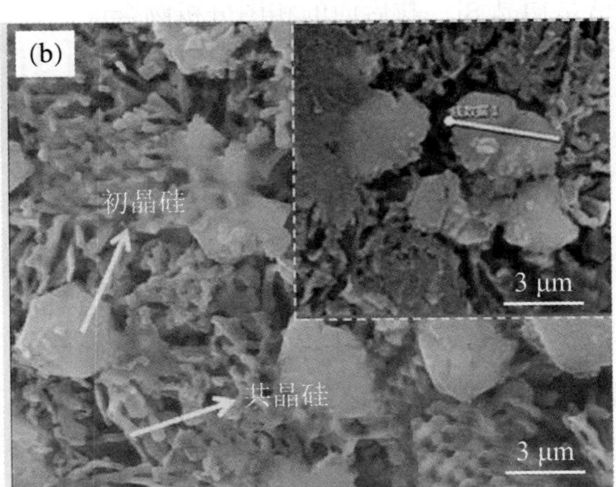

图 5-3　Al-Si 颗粒轻微腐蚀后的截面 SEM 图：（a）元素线扫描和（b）初晶 Si 元素线扫描（续）

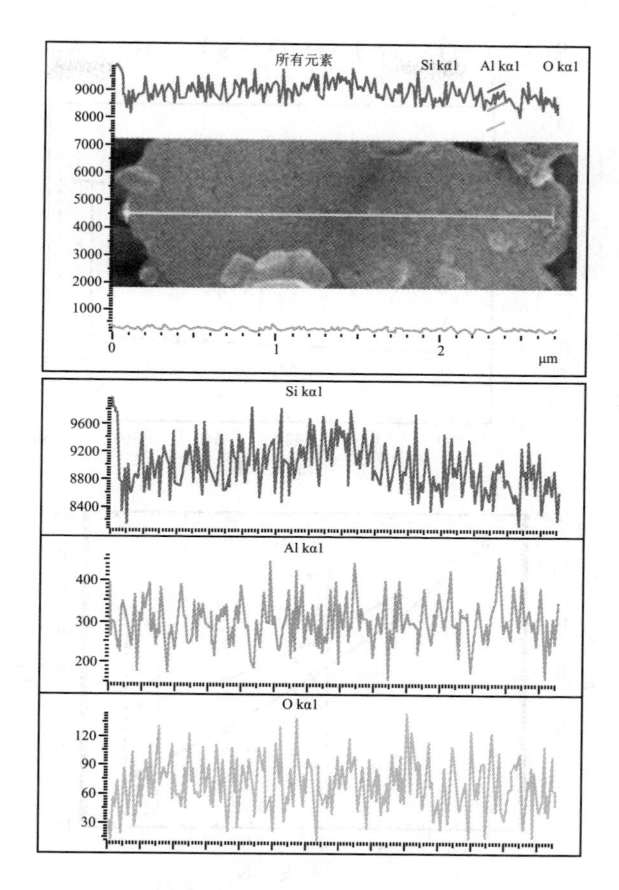

图 5–3　Al–Si 颗粒轻微腐蚀后的截面 SEM 图：（a）元素线扫描和（b）初晶 Si 元素线扫描（续）

为了进一步探讨 Al–Si 合金选择的合理性及去合金化后多孔结构对电化学性能的影响，我们从热力学反应、相图组成及 SEM 截面图进行了综合分析。由图 5–4（a）和图 5–4（b）的热力学计算可知，在 273 到 373K 温度范围内，化学反应式（5–1）和式（5–2）的吉布斯自由能值都小于 0，表明这些化学反应是可以自发进行的，其中化学反应式（5–1）在 323K 时 ΔG_1 值为 −675.093 kJ。化学反应式（5–2）在 373 K 时预氧化处理的 ΔG_2 值为 −851.781 kJ。此外，这两个化学反应的平衡常数 K_1 和 K_2 值均大于 10^5，表明这些化学反应是不可逆的，且 K 值随着温度的升高而降低，二者均属放热反应。

$$2Al（s）+6HCl（aq）\rightarrow 2AlCl_3（aq）+3H_2（g）\quad \Delta G_1，K_1 \qquad （5–1）$$

$$Si(s)+O_2(aq)\rightarrow SiO_2(s)\quad \Delta G_2,\ K_2 \tag{5-2}$$

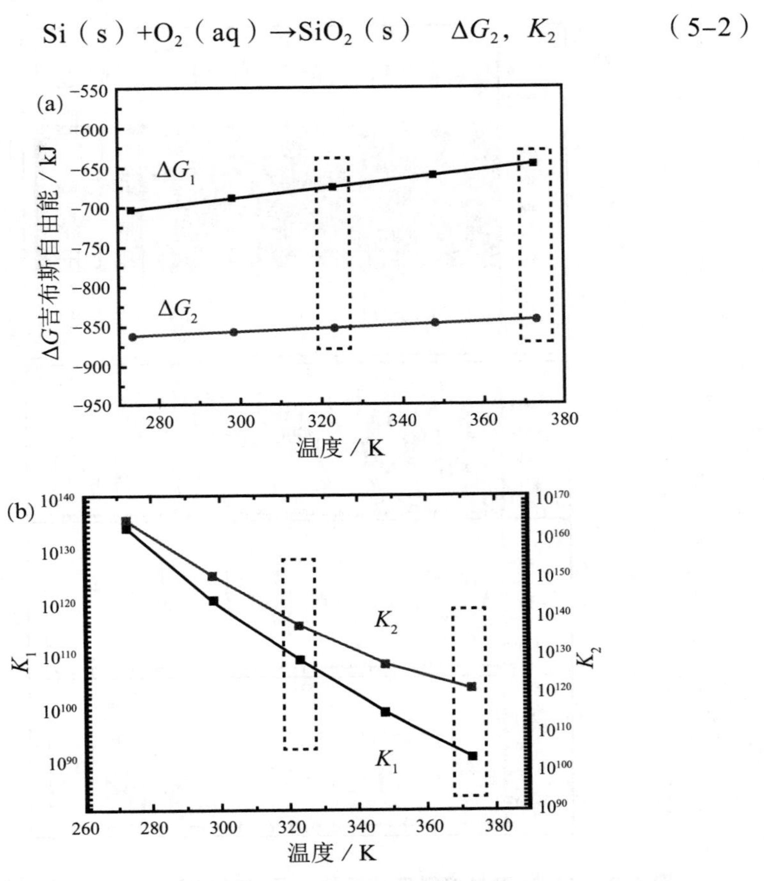

图 5-4　化学反应式的（a）吉布斯自由能变化和（b）反应平衡常数

在理想的平衡凝固条件下，如图 5-5（a）所示，Al-Si 合金（～20 wt.%）属于过共晶组织，由初晶和共晶组织组成，其中初晶组织基本只含 Si 元素，属于初晶 Si，共晶组织主要含有 Si 和 Al 两种元素。当这两相在理想状态下平衡时，根据杠杆基本法则，初晶 Si 的比例约为 9 wt.%，共晶组织的比例约为 91 wt.%。因此，通过 HCl 去合金化反应后，来自共晶组织中 75 wt.% 左右的 Al 被去除。对经过镶样、打磨、抛光和微腐蚀处理得到的 Al-Si 合金截面分析可知，多孔结构是由微米级初晶 Si 和纳米共晶 Si 棒组成，其中初晶 Si 尺寸较大，在整个多孔结构中起支撑骨架的作用，类似于房子屋梁，具有维持多孔结构稳定的作用Si，并建立了如图 5-5（b）所示的多孔 Si 结构的 2D 截面和 3D 模型图。此外，共晶组织中的 Al 全部浸出后提供的内部孔洞，经计算理论上可以满足脱嵌锂反应中 300% 的体积膨胀，从而验证了实验所选 Al–Si（～20 wt.%）合金粉的合理性及后期操作的技术可行性。

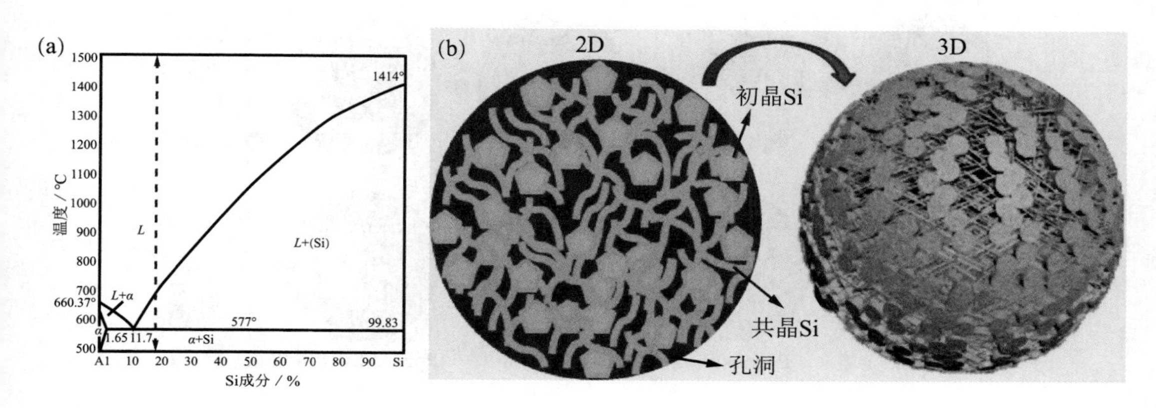

图 5–5 （a）平衡凝固下的 Al–Si 合金相图和（b）2D 截面及 3D 示意图

5.3 珊瑚状 Porous Si@SiO_2@C 复合材料的制备及电化学性能研究

5.3.1 珊瑚状 Porous Si@SiO_2@C 复合材料的制备

Porous Si@SiO_2@C 复合材料的制备流程如图 5–6 所示。首先，将一定质量的 Al–Si 合金粉放入 7% HCl 中，在 50 ℃ 下磁力搅拌 10 h，抽滤清洗数次后在 80 ℃ 下真空干燥 12 h 后，制备得到样品 Porous Si。然后，对样品 Porous Si 在 100 ℃ 下保温 8 h 进行预氧化处理，得到样品 Porous Si@SiO_2。最后，将 Porous Si@SiO_2 材料与有机物聚丙烯腈（PAN）以 1∶1 的质量比混合均匀，在惰性气体 Ar 保护下加热到 800 ℃ 保温 3 h，发生高温热解碳化，最终制备得到 Porous Si@SiO_2@C 复合材料。其中，Porous Si2 和 Porous Si1 的唯一的区别在于：Al–Si 合金经过 HCl 处理后得到 Porous Si1，再经过 5% 的 HF 反应 5 h 后得到 Porous Si2，具体的实验样品制备汇总情况见表 5-1。

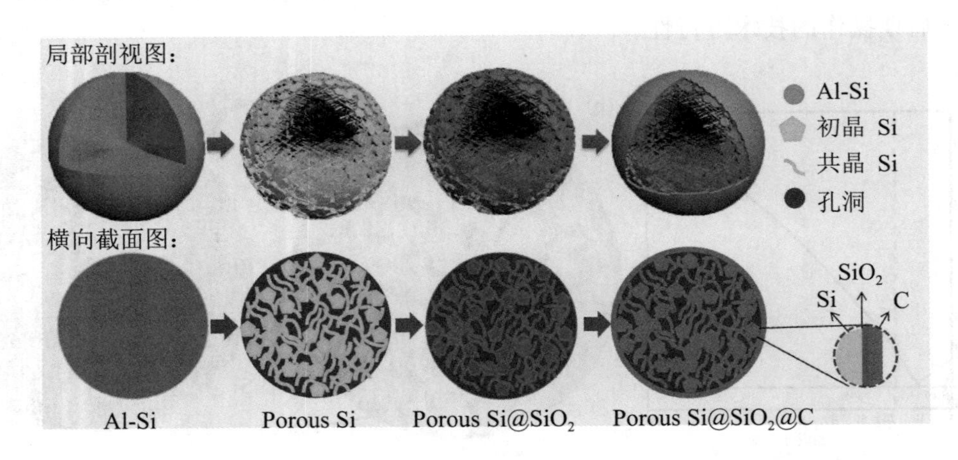

图 5-6　Porous Si@SiO_2@C 复合材料制备的剖面和截面流程示意图

表 5-1　实验样品的制备汇总

样品	50 ℃ 腐蚀处理 /h	100 ℃ 氧化处理 /h	Ar 碳层包覆
Al-Si	—	—	—
Porous Si1@SiO_2	7%HCl（10）	8	—
Porous Si2@SiO_2	7%HCl+5%HF(10+5)	8	—
Porous Si1@SiO_2@C	7%HCl（10）	8	800 ℃，3 h
Porous Si2@SiO_2@C	7%HCl+5%HF(10+5)	8	800 ℃，3 h

5.3.2　珊瑚状 Porous Si@SiO_2@C 复合材料的结构和形貌

图 5-7 是作为包覆 C 源有机物 PAN 的 TGA 和 DSC 检测结果，其中 TGA 的热重结果表明：有机物 PAN 在 Ar 氛围中随着温度的升高，热解

C 化程度也越来越大，在 800 ℃时剩余的质量百分比是 41.23%，对应的碳化得率是 58.77%。同时，差示扫描量热法 DSC 的结果表明：PAN 的吸热峰和放热峰的位置分别对应 137.86 ℃和 329.32 ℃，这两个温度点对应于 TGA 曲线的反应转变临界点。

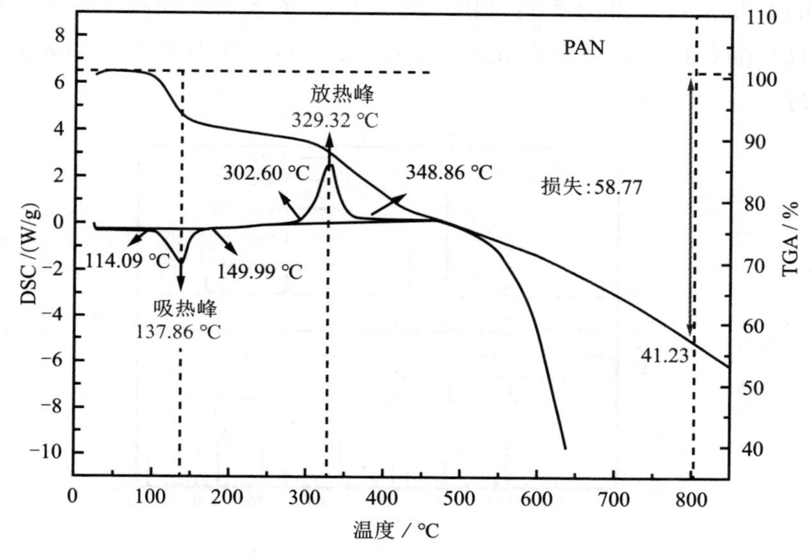

图 5-7 PAN 的 TGA 和 DSC 曲线

图 5-8（a）的 XRD 图谱显示样品主要成分是 Al、Si 和 C，其在 2θ=28°、47°、56°、69°、76° 和 88° 分别对应晶态 Si 的（111）、（220）、（311）、（400）、（331）和（422）晶面，在 18° 附近对应的高温热解的 C 峰，且去合金化腐蚀后得到的多孔 Si 结构在 2θ=38°、45°、65°、78° 和 83° 对应金属元素 Al。可见，去合金化腐蚀后共晶组织中还有残余 Al 量的存在。图 5-8（b）的拉曼光谱结果进一步显示：在 1355 cm^{-1} 和 1585 cm^{-1} 处分别对应热解 C 的 D 和 G 峰，516 cm^{-1} 处对应于材料中的 Si 相。图 5-8（c）看出所有实验样品的吸附曲线类型都属于Ⅱ型，其中 Al-Si 合金样品的吸附曲线没有明显的磁滞回线，表明该合金原材料属于无孔型材料，反之其他样品都存在明显的磁滞回线，表明材料表面或者内部具有孔洞结构。通过 BET 公式计算得知 Al-Si、Porous Si1@SiO_2、Porous Si2@SiO_2、Porous Si1@SiO_2@C 和 Porous Si2@SiO_2@C 的比表面积分别是

2.42 m^2/g、68.62 m^2/g、103.76 m^2/g、23.02 m^2/g 和 41.50 m^2/g。Porous Si2@SiO_2 比 Porous Si1@SiO_2 的比表面积大，其归因于 HF 的进一步腐蚀，其过度腐蚀导致结构中的孔洞更深更大。此外，包覆 C 的多孔复合材料整体上比未包覆 C 的多孔复合材料的比表面积要小，其归因于包覆一定厚度的 C 层消耗了部分孔洞内积。图 5-8（d）表明实验制备得到的多孔复合材料的孔径主要分布在 0.01～120 nm 之间，其中低于 20 nm 的介孔占多数。

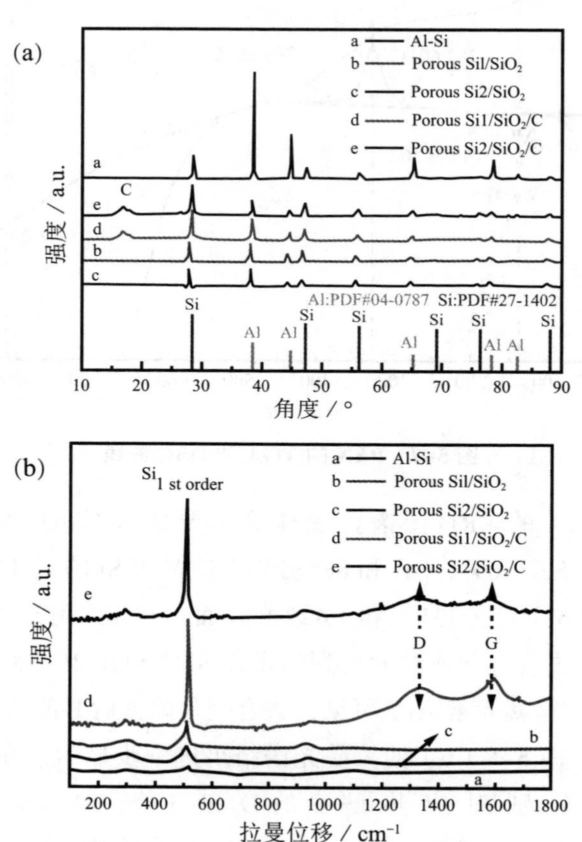

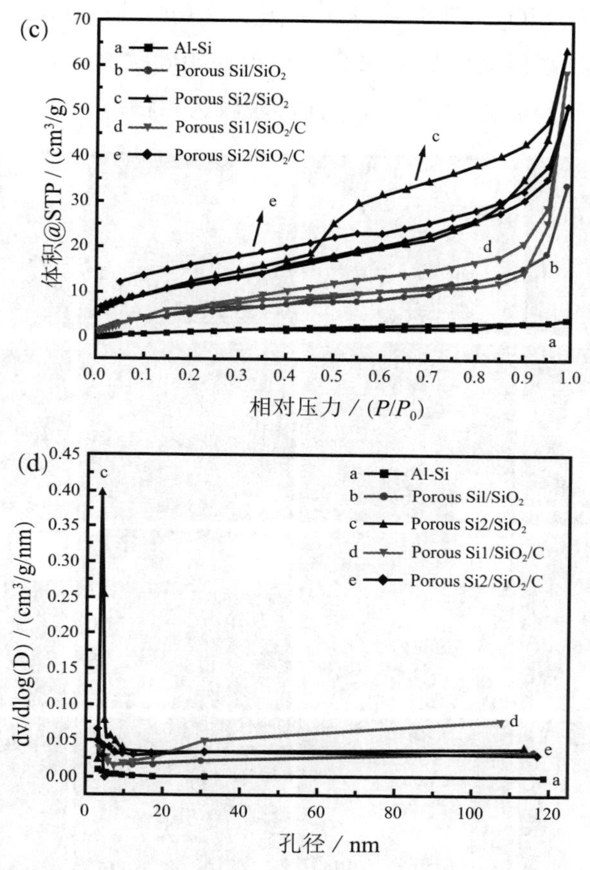

图 5-8　实验样品的（a）XRD、（b）Raman、（c）BET 和（d）孔径分布曲线

图 5-9（a）~ 图 5-9（e）显示微米级 Al-Si 合金颗粒是球形的，表面相对光滑且致密，其中元素 Al、Si 和 O 的质量百分比分别是 77.22 wt.%、17.72 wt.% 和 5.06 wt.%，且这些元素分布均匀。图 5-9（f）~ 图 5-9（i）的形貌和 EDS 结果显示，经过去合金化腐蚀和预氧化处理后得到了珊瑚状 3D Porous Si1@SiO_2 结构，元素 Al、Si 和 O 的质量比例分别是 3.57%、78.83% 和 17.73%，且元素分布均匀。可见，通过去合金化后可以去除共晶组织中的绝大部分 Al 元素，从而为 Si 在循环过程中产生的体积膨胀预留出足够的空间，其中均匀分布的 3.57% 导电元素 Al，一定程度上可以提高多孔 Si 结构的导电性。经过预氧化处理后，Porous Si1@SiO_2 中 O 元素的质量比例约为原始 Al-Si 合金的 3.5 倍，表明在多孔 Si

表面包覆了一层 SiO_2。图 5-9（k）~图 5-9（n）是 Porous Si1@SiO_2@C 的形貌图，发现经过高温热解的 C 层包覆在珊瑚状 Porous Si1@SiO_2 颗粒的外表面，颗粒整体仍为球形且表面形貌较为粗糙。

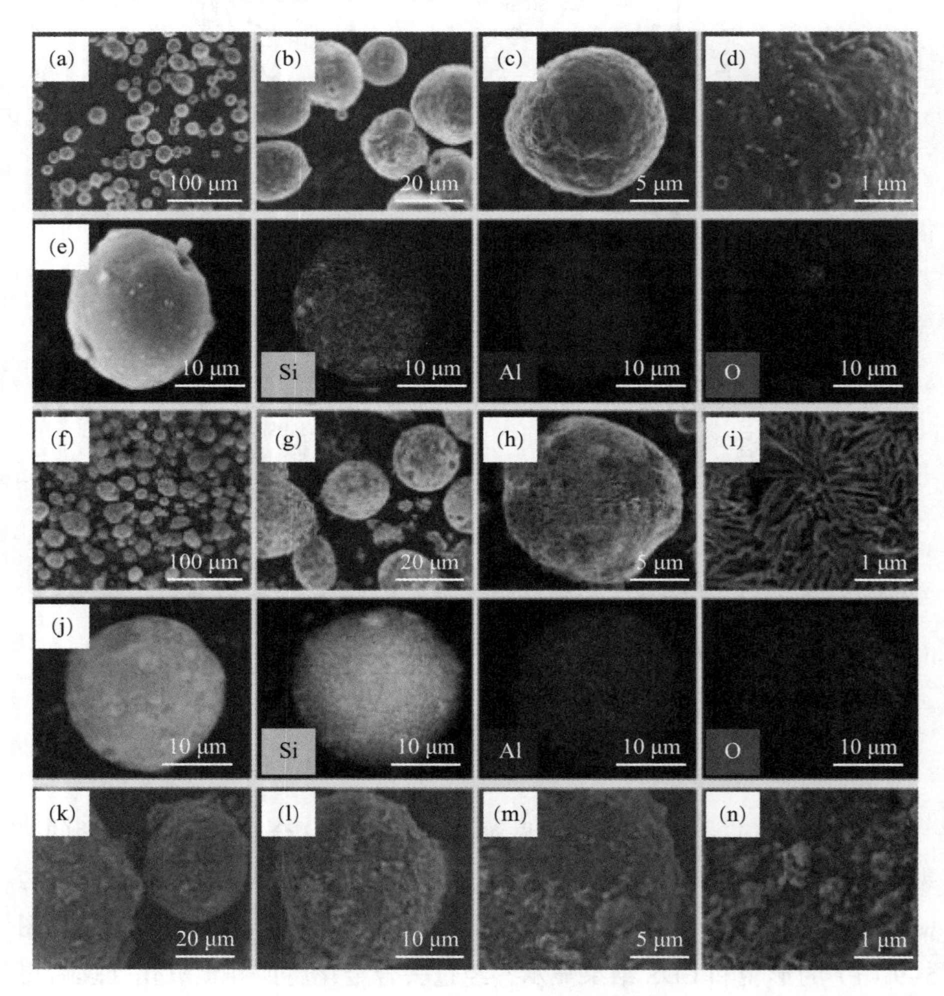

图 5-9　SEM 图：（a ~ d）Al–Si 合金、（e）Al–Si 颗粒的 Si、Al、O 元素面分布、（f ~ i）Porous Si1@SiO_2 的 SEM 图、（j）Porous Si1@SiO_2 颗粒的 Si、Al、O 的元素面分布和（k ~ n）Porous Si1@SiO_2@C

图 5-10（a）~图 5-10（c）进一步显示了珊瑚状 Porous Si1@SiO_2 颗粒中亚微米尺寸初晶 Si 和纳米尺寸共晶孔洞的分布情况。图 5-10（d）~图 5-10（f）是 HRTEM 和选区电子衍射的结果，可以看出多孔

Si 表面包覆了约为 4 nm SiO_2 层，由 SAED 可知 SiO_2 层为非晶相，且晶体 Si 的晶面间距和晶面分别为 0.313 nm 和（111）。由前面研究可知，包覆的 SiO_2 层可以避免 Si 与电解液的直接接触，也能起到限制 Si 体积膨胀的第一道缓冲屏障作用，而且 SiO_2 作为中间相可增强 Si 和 C 之间的界面附着力[157, 158]。通过图 5-10（h）、图 5-10（i）可以看到，多孔 Si 结构外面包覆的 SiO_2@C 层厚度范围约为 44 ~ 72 nm。较厚的 C 层不仅可以改善多孔 Si 结构的导电性，同时作为柔韧性较好的材料也起到缓冲体积膨胀，维持复合结构稳定性的作用。

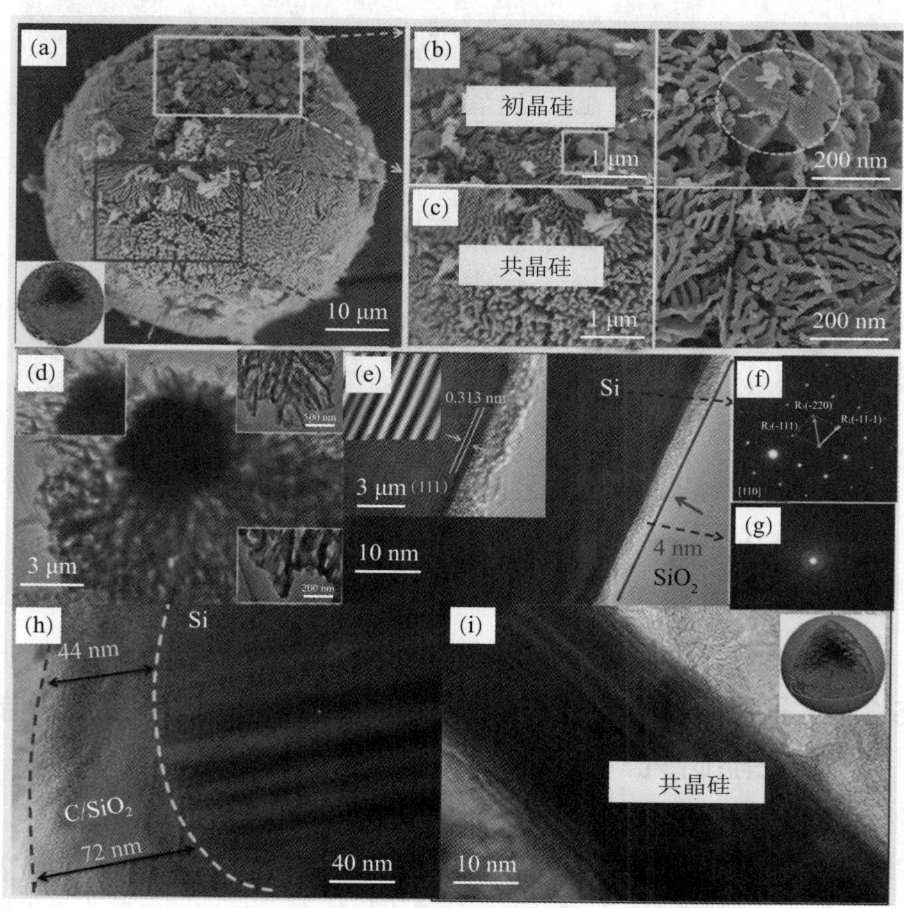

图 5-10　Porous Si1@SiO_2 的（a ~ c）SEM、（d）TEM、（e）HRTEM、（f，g）晶态 Si 和非晶 SiO_2 的选区电子衍射图和（h，i）Porous Si1@SiO_2@C 的 HRTEM 图

图 5-11（a）～图 5-11（c）是 Porous Si2@SiO_2@C 颗粒的形貌图，发现经过 5 h 的 HF 处理后，多孔结构中的共晶 Si 棒被过度腐蚀，导致孔洞较大且局部多孔结构出现崩塌，特别是尺寸较大的初晶 Si 掉落现象较为明显，但颗粒表面仍然分布着交错的纳米多孔 Si 棒。珊瑚状的 Porous Si1@SiO_2@C 和 Porous Si2@SiO_2@C 复合材料的不同结构对电化学性能的影响会在后面电化学性能部分进行深入讨论。

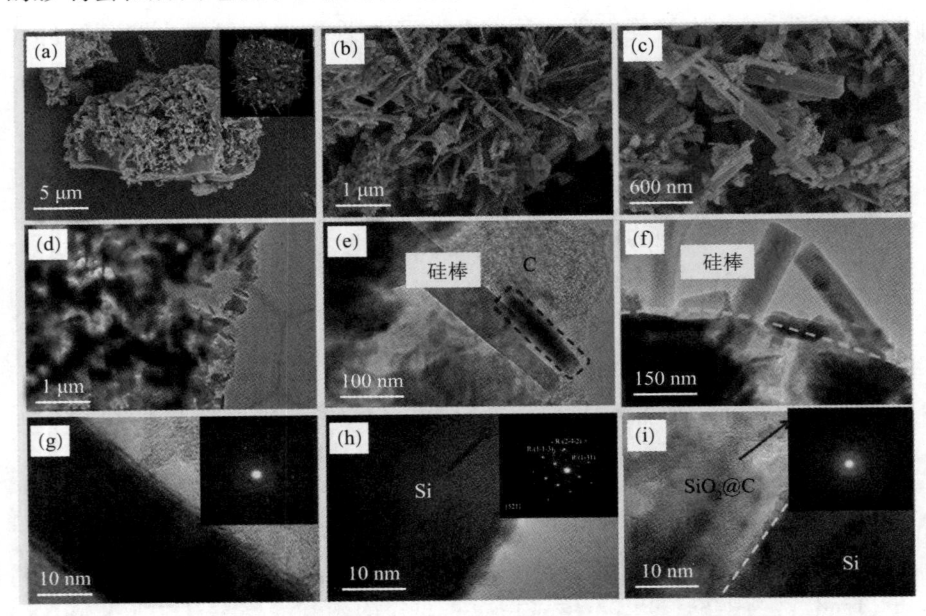

图 5-11　Porous Si2@SiO_2@C 的（a ～ c）SEM、（d ～ f）TEM、（g ～ i）HRTEM 和 Si、SiO_2@C 的选区电子衍射图

5.3.3　珊瑚状 Porous Si@SiO_2@C 复合材料的电化学性能研究

活性材料、导电剂（Super-P）和粘结剂（CMC）的质量比为 70：15：15，其混合均匀后的浆料涂覆在铜箔上，在 120 ℃下真空干燥 12 h，切割后获得极片并组装成纽扣电池。电解液为 1 M $LiPF_6$ 溶于 EC 和 DEC（体积比为 1：1）+10.0%FEC 溶液。

通过图 5-12（a）的 CV 循环曲线可知：在阴极还原过程中，Al-Si 合金的宽阴极峰首先出现在 1.049 V，发生了不可逆的储锂反应，对应 SEI 膜的形成，其在随后循环过程中消失。第一次循环的不可逆峰对应于晶态 Si 的锂化，后期循环在 0.18 V 和 0.01 V 附近裂解成两个阴极峰，对应于锂化过程中晶态 Si 转换为非晶 Si 两相并存的状态。在阳极氧化过程中，宽的阳极峰首先在 0.593 V 出现，对应于 Li-Si 合金的脱锂反应，在随后的循环中向左迁移到 0.541 V 附近。图 5-12（b）~ 图 5-12（d）进一步表明 Porous Si1@SiO_2、Porous Si1@SiO_2@C 和 Porous Si2@SiO_2@C 的第一次循环对应阴极峰的位置分别位于 0.204 V、0.217 V 和 0.212 V，不同于 Al-Si 合金的一个阳极峰，它们在 0.3 ~ 0.6 V 之间都有两个宽的阳极峰。Al-Si、Porous Si1@SiO_2、Porous Si1@SiO_2@C 和 Porous Si2@SiO_2@C 复合材料从阳极峰到阴极峰的电位差分别是 0.410 V、0.312 V、0.280 V 和 0.300 V。可见 Porous Si1@SiO_2@C 复合材料的电位差值最小，对应的极化效果最弱。珊瑚状 Porous Si1@SiO_2 和 Porous Si2@SiO_2@C 复合材料在循环 4 次后电位位置才不发生偏移，而 Porous Si1@SiO_2@C 在循环 1 次后电位位置就不发生偏移了，结果表明 Porous Si1@SiO_2@C 复合材料具有最佳的 CV 循环稳定性和最小的极化效应。

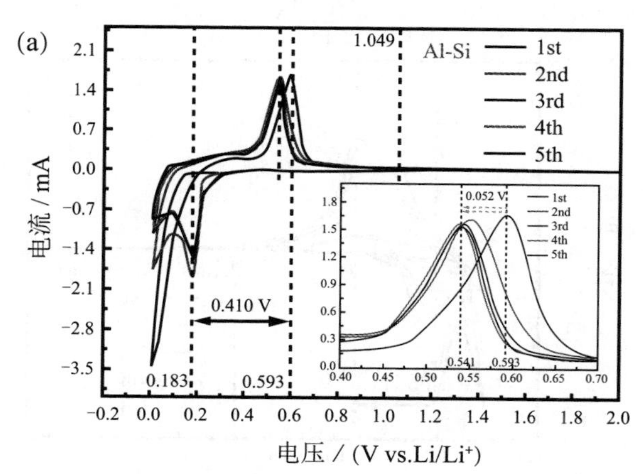

图 5-12 CV 曲线：（a）Al-Si、（b）Porous Si1@SiO_2、（c）Porous Si1@SiO_2@C 和（d）Porous Si2@SiO_2@C

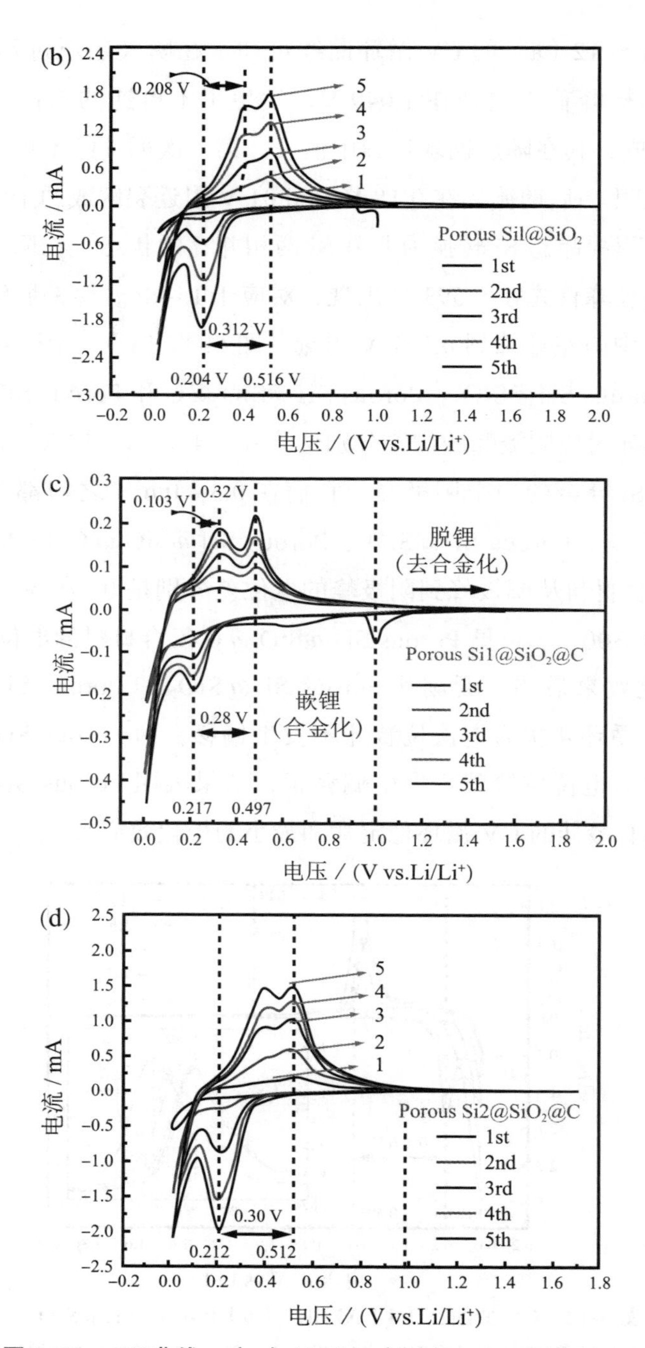

图 5-12　CV 曲线：（a）Al-Si、（b）Porous Si1@SiO_2、（c）Porous Si1@SiO_2@C 和（d）Porous Si2@SiO_2@C（续）

图 5-13 是 Al–Si、Porous Si1@SiO_2、Porous Si1@SiO_2@C、Porous Si2@SiO_2@C 的充放电曲线结果。从图中可以看出它们的充电平台在 0.30 ~ 0.60 V 之间，放电平台在 0.01 ~ 0.25 V 之间。由极化效应随循环次数增加的变化趋势可知，Porous Si1@SiO_2@C 随循环次数的增加，其极化效应是相对最小的。

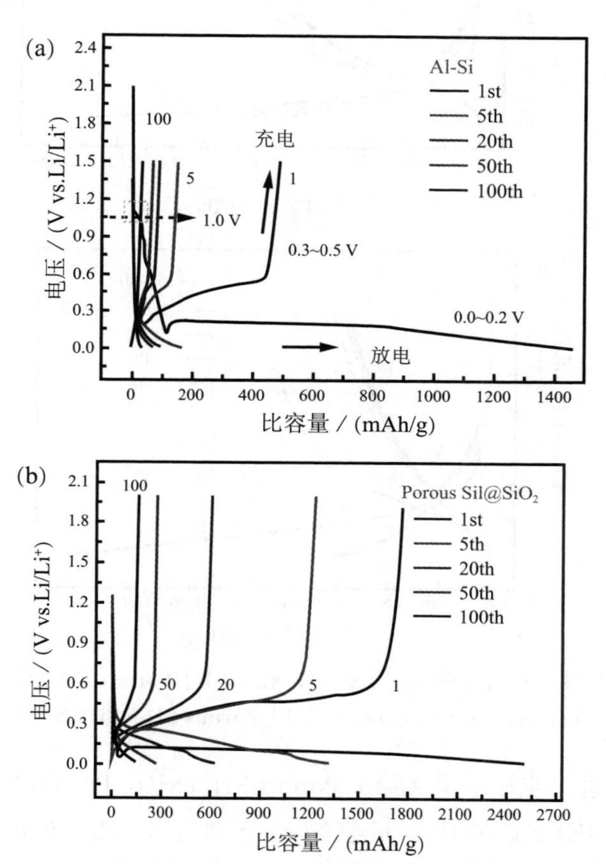

图 5-13 充放电曲线：（a）Al-Si、（b）Porous Si1@SiO_2、（c）Porous Si1@SiO_2@C 和（d）Porous Si2@SiO_2@C

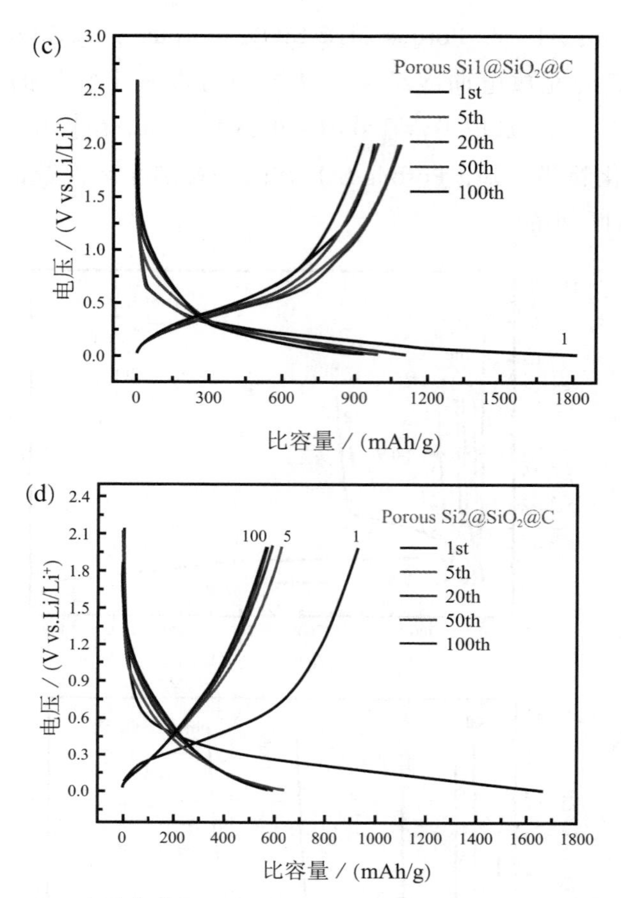

图 5-13　充放电曲线：（a）Al-Si、（b）Porous Si1@SiO_2、（c）Porous Si1@SiO_2@C 和（d）Porous Si2@SiO_2@C（续）

图 5-14 进一步显示了 Al-Si、Porous Si1@SiO_2、Porous Si1@SiO_2@C、Porous Si2@SiO_2@C 的比容量衰减率分别为 0.94%、0.90%、0.08% 和 0.34%。可见，在珊瑚状多孔结构基础上，双壳层约束保护的 Porous Si@SiO_2@C 复合材料可以有效改善电极材料的极化情况，提高 Si 基材料的循环稳定性。

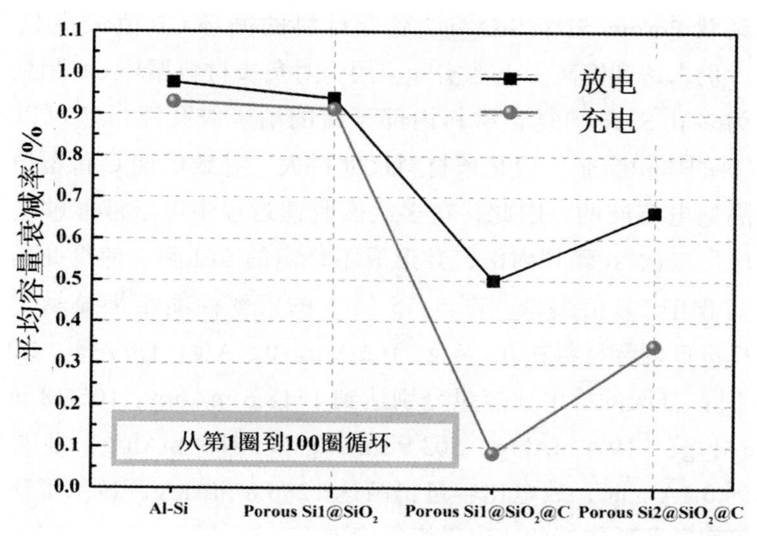

图 5-14 Al-Si、Porous Si1@SiO$_2$、Porous Si1@SiO$_2$@C 和 Porous Si2@SiO$_2$@C 的比容量衰减率

图 5-15 和表 5-2 的电化学性能结果表明，Al-Si 合金的首次放电和充电比容量分别是 1458.1 mAh/g 和 488.0 mAh/g，首次 CE 值是 33.47%；Porous Si1@SiO$_2$ 的首次放电和充电比容量分别是 2505.0 mAh/g 和 1764.6 mAh/g，首次 CE 值是 70.44%；Porous Si2@SiO$_2$ 的首次放电和充电比容量分别是 931.5 mAh/g 和 347.4 mAh/g，首次 CE 值是 37.29%；Porous Si1@SiO$_2$@C 的首次放电和充电比容量分别是 1814.1 mAh/g 和 984.1 mAh/g，首次 CE 值仅为 53.45%，经过 3 次循环后 CE 高于 95%；Porous Si2@SiO$_2$@C 的首次放电和充电比容量分别是 1658.7 mAh/g 和 854.2 mAh/g，首次 CE 值是 51.49%。循环 100 次后，Al-Si 合金的放电和充电比容量分别是 33.9 mAh/g 和 33.7 mAh/g；对于 Porous Si1@SiO$_2$ 分别是 205.6 mAh/g 和 202.4 mAh/g；对于 Porous Si2@SiO$_2$ 分别是 115.4 mAh/g 和 114.5 mAh/g；对于 Porous Si1@SiO$_2$@C 分别是 933.2 mAh/g 和 929.2 mAh/g；对于 Porous Si2@SiO$_2$@C 分别是 557.8 mAh/g 和 555.5 mAh/g。可见，Porous Si1@SiO$_2$@C 比 Porous Si2@SiO$_2$@C 复合材料的循环性能好，归因于二者复合材料多孔结构的差异，其中 Porous Si2@SiO$_2$ 结构中的共晶 Si 棒被过度腐蚀，导致颗粒外围的孔洞结构局部崩塌，孔洞结构的整体稳定性较差。

珊瑚状 Porous Si1@SiO_2@C 复合材料的循环 CE 值最高只达到了 99.59%，仍未达到锂离子电池实际应用中对负极材料循环 CE 值的要求，分析认为多孔 Si 微纳复合材料内部预留的纳米级孔隙虽然可以有效容纳 Si 材料的体积膨胀，但是该材料尺寸过大，导致后期 C 包覆层是不可能完全隔绝电解液的，因此，在多次嵌脱锂过程中电解液能够进入到多孔微米球形二次 Si 颗粒内部，并形成不稳定的 SEI 膜，使得此类复合材料循环过程中 CE 值偏低。图 5–15（b）的倍率性能结果显示了 Porous Si1@SiO_2@C 复合材料在 0.1 A/g、0.2 A/g、0.5 A/g、1.0 A/g、2.0 A/g 和 3.0 A/g 时，首次的放电比容量分别达到 1818.6 mAh/g、1054.8 mAh/g、852.0 mAh/g、719.4 mAh/g、503.9 mAh/g 和 381.9 mAh/g，且电流密度重新回到 0.1A/g 时，放电比容量仍高达 1286.8 mAh/g，显示了该复合材料在高倍率循环后较好的比容量恢复能力。

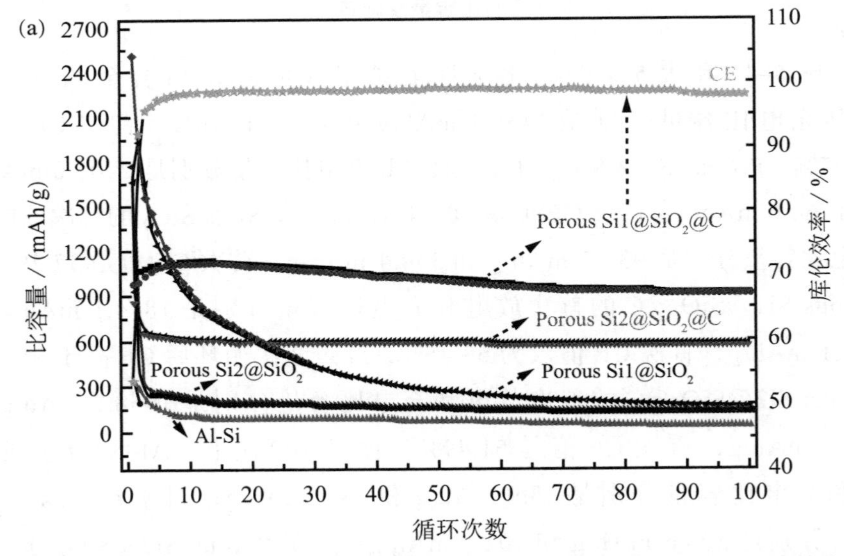

图 5-15　电化学性能：（a）循环性能和（b）Porous Si1@SiO_2@C 倍率性能

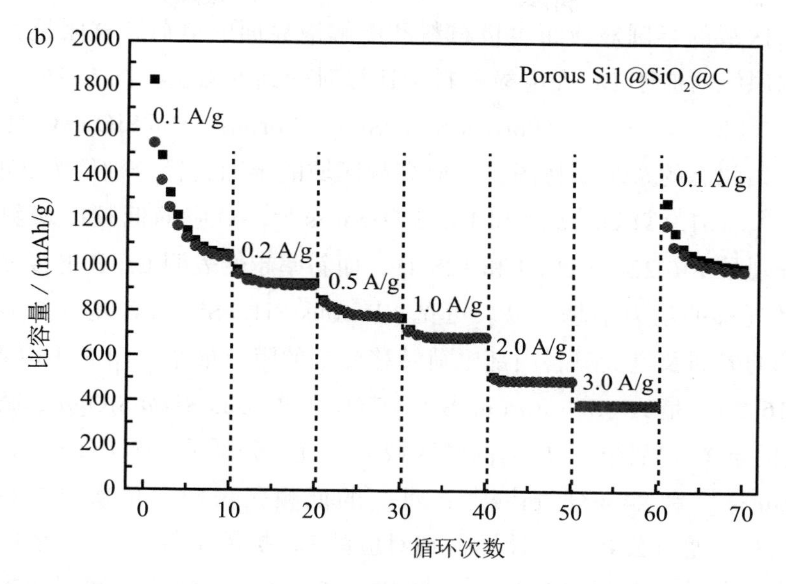

图 5-15　电化学性能：（a）循环性能和（b）Porous Si1@SiO$_2$@C 倍率性能（续）

表 5-2　不同实验样品的电化学性能对比

样品	首圈充电比容量 /（mAh/g）	首圈放电比容量 /（mAh/g）	首次库伦效率 /%	100th 充电比容量 /（mAh/g）	100th 放电比容量 /（mAh/g）	100th 库伦效率 /%
Al–Si	488.0	1458.1	33.47	33.7	33.9	99.41
Porous Si1@SiO$_2$	1764.6	2505.0	70.44	202.4	205.6	98.44
Porous Si2@SiO$_2$	347.4	931.5	37.29	114.5	115.4	99.22
Porous Si1@SiO$_2$@C	969.6	1814.1	53.45	929.2	933.3	99.56
Porous Si2@SiO$_2$@C	854.2	1658.7	51.50	555.5	557.8	99.59

高频区域的半圆对应于电极材料和电解液界面的电荷转移阻抗，低频区域的斜线对应于 Li^+ 在电极材料中迁移时受到的阻抗。图 5–16（a）和图 5–16（b）是 Al–Si、Porous Si1@SiO_2、Porous Si1@SiO_2@C 复合材料在原始状态的奈奎斯特图，对应高频区域的半圆直径分别约为 239.7 $\Omega\cdot cm^2\cdot s^{-1/2}$、161.9 $\Omega\cdot cm^2\cdot s^{-1/2}$ 和 142.6 $\Omega\cdot cm^2\cdot s^{-1/2}$，对应的低频区域斜线的斜率分别是 140.22、154.29 和 128.41，而斜率越低表明 Li^+ 在电极材料内部扩散迁移的动力学越容易。可见，Porous Si1@SiO_2@C 复合材料在原始状态的界面及电极材料内部电荷转移受到的阻抗最小。图 5–16（c）和图 5–16（d）是 Al–Si、Porous Si1@SiO_2 和 Porous Si1@SiO_2@C 循环 100 次后的奈奎斯特图。对应的高频区域半圆直径分别是 138.7 $\Omega\cdot cm^2\cdot s^{-1/2}$、61.1 $\Omega\cdot cm^2\cdot s^{-1/2}$ 和 24.4 $\Omega\cdot cm^2\cdot s^{-1/2}$，对应的低频区域斜率依次是 7.18，4.07 和 1.89，通过公式拟合计算得到对应的 Li^+ 扩散系数（D_{Li+}）依次是 2.9×10^{-13} $cm^2\cdot s^{-1/2}$、9.04×10^{-13} $cm^2\cdot s^{-1/2}$ 和 4.20×10^{-12} $cm^2\cdot s^{-1/2}$。可见，本研究设计的双壳层约束 Porous Si1@SiO_2@C 复合材料具有更低的电化学反应阻抗和较大的 Li^+ 扩散动力。

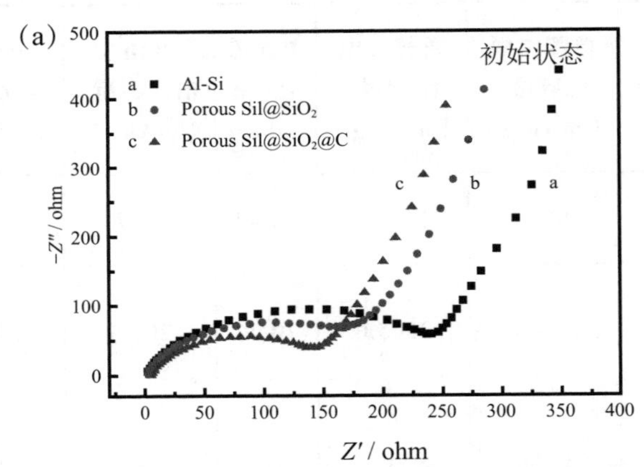

图 5-16　Al-Si、Porous Si@SiO_2 和 Porous Si@SiO_2@C 复合材料的（a）原始状态的奈奎斯特图、（b）低频区的线性拟合、（c）循环 100 次后的奈奎斯特图和（d）低频区的线性拟合

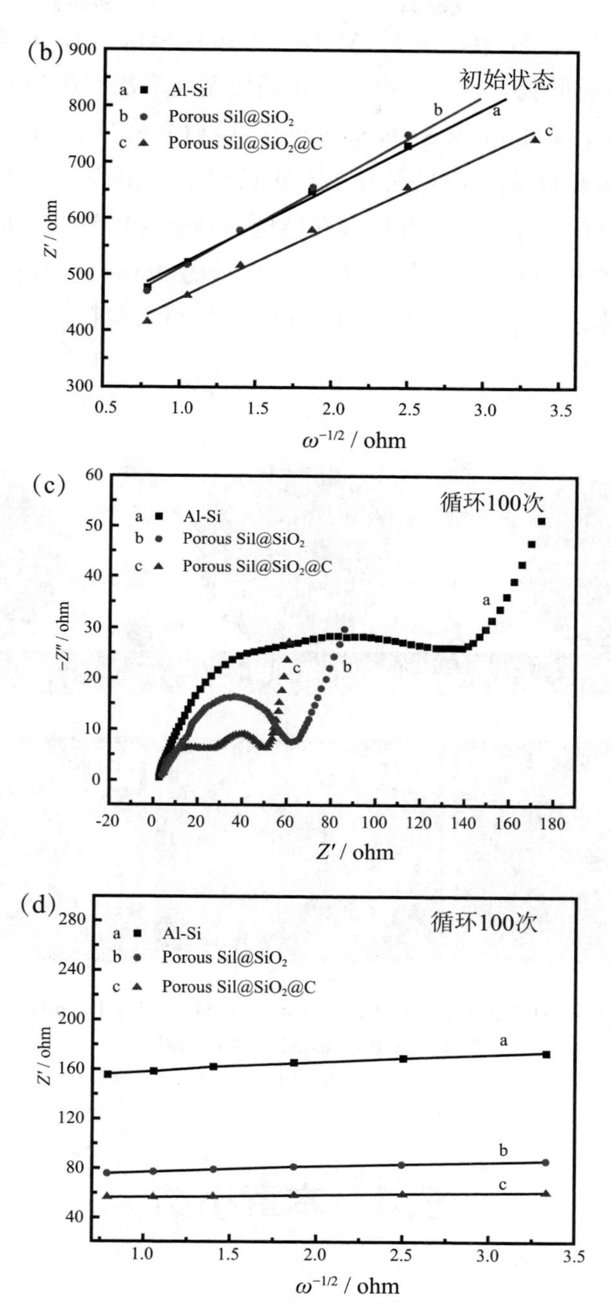

图 5-16 Al-Si、Porous Si@SiO$_2$ 和 Porous Si@SiO$_2$@C 复合材料的（a）原始状态的奈奎斯特图、（b）低频区的线性拟合、（c）循环 100 次后的奈奎斯特图和（d）低频区的线性拟合（续）

图 5-17 是循环 100 次后 Al-Si、Porous Si1@SiO_2 和 Porous Si1@SiO_2@C 的微观形貌，可以看出 Al-Si 颗粒循环多次后出现明显的结构崩塌和裂痕现象，而 Porous Si1@SiO_2 的多孔结构一定程度上可以缓冲充放电过程中的体积膨胀，但是循环 100 次后仍然会出现局部塌陷的现象，分析认为是颗粒尺寸太大，导致多孔结构的骨架支撑效果不足以满足多次脱嵌锂带来的机械应力。图 5-17（c）显示的 Porous Si1@SiO_2@C 的球形结构维持较好，其很大程度上归因于特殊的纳米多孔结构和双壳层约束保护。

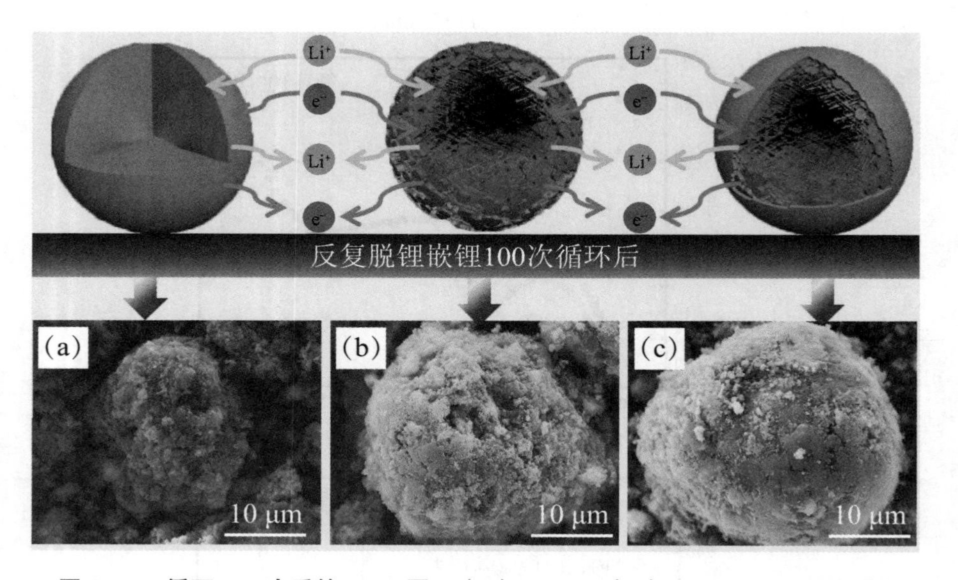

图 5-17　循环 100 次后的 SEM 图：（a）Al-Si、（b）Porous Si1@SiO_2 和（c）Porous Si1@SiO_2@C

5.4　本章小结

本章选择价格低廉的 Al-Si 合金粉为实验原料，通过去合金化得到了 3D 球形珊瑚状多孔 Si 结构，再经过预氧化和高温碳化的简易工艺处理，得到双壳层约束的新型珊瑚状 Porous Si@SiO_2@C 复合材料

（>20 μm），并得出了以下几点结论：

（1）Al–Si 合金是 3D 球形颗粒（D50=21 μm），Al、Si 和 O 元素的质量比例分别约为 77.22 wt.%、17.72 wt.% 和 5.06 wt.%，且元素分布均匀。在平衡凝固条件下，Al–Si 合金（~20 wt.%）属于过共晶组织，含有初晶（Si）和共晶组织（Al+Si），其中初晶 Si 的比例约为 9 wt.%，共晶组织比例约为 91 wt.%。去合金化后，多孔 Si 结构是由亚微米级初晶 Si 和纳米共晶 Si 棒组成，其中初晶 Si 在整个多孔结构中起支撑骨架作用，共晶纳米 Si 棒之间孔洞是 HCl 与共晶组织中 Al 发生化学反应浸出后得到的。从相图、截面形貌及热力学角度综合验证了 Al–Si 合金粉使用的合理性及技术可行性。

（2）经过去合金化和预氧化处理后得到珊瑚状 3D Porous Si1@SiO_2 结构，元素 Al、Si 和 O 的质量百分比分别是 3.57%、78.83% 和 17.73%。通过去合金化处理可以去除共晶组织中的绝大部分金属 Al，为 Si 在循环过程中的体积膨胀预留空间，其中分布均匀的 3.57% 的导电 Al 余量也有利于提高多孔结构的导电性。Porous Si1@SiO_2 表面包覆了一层 4 nm 非晶相 SiO_2，晶体 Si 的晶面间距和对应的晶面分别为 0.313 nm 和（111）。高温热解后 C 包覆在珊瑚状 Porous Si1@SiO_2 颗粒的外表面，对应的 SiO_2@C 双壳厚度约为 44 ~ 72 nm。

（3）Porous Si1@SiO_2@C 的首次放电和充电比容量分别是 1814.1 mAh/g 和 984.1 mAh/g，经过 3 次循环后 CE 高于 95%，100 次循环后，放电和充电的比容量分别达到 933.2 mAh/g 和 929.2 mAh/g，对应 CE 值为 99.56%。在 0.1 A/g、0.2 A/g、0.5 A/g、1.0 A/g、2.0 A/g、3.0 A/g 和 0.1 A/g 的放电比容量分别达到 1818.6 mAh/g、1054.8 mAh/g、852.0 mAh/g、719.4 mAh/g、503.9 mAh/g、381.9 mAh/g 和 1286.8 mAh/g。Li^+ 扩散系数 4.20×10^{-12} $cm^2\cdot s^{-1/2}$，可见，双壳层约束的 Porous Si1@SiO_2@C 复合材料具有更低的电化学反应阻抗和较大的 Li^+ 扩散动力。珊瑚状的孔洞结构为了 Li^+ 的快速嵌入和脱出提供传输通道，有效缓冲 Si 在循环过程中产生的体积膨胀。SiO_2 层避免了 Si 与电解液的直接接触，也起到限制 Si 体积膨胀的一道缓冲屏障作用，同时作为中间过渡相还能增强 Si 和 C 之间的界面附着力。C 层可以改善多孔 Si 结构的导电性，同时其较好的柔韧性也起到维持复合结构稳定性的作用。

6 珊瑚状 Porous Si@SiO_x 结构优化及 Al–MOF 再生制备研究

6.1 引言

第 5 章研究内容发现，制备的双壳层约束的珊瑚状 Porous Si@SiO_2@C 复合材料（> 20 μm），由于该复合材料的颗粒尺寸过大，使得首次 SEI 膜的形成会消耗更多 Li^+，且相应表面的不可逆副反应较多，导致首次 CE 值普遍低于 70%。此外，目前还尚不清楚 3D 孔洞结构处于什么状态时是最能有效缓冲 Si 基负极材料脱嵌锂过程中 300% 的体积膨胀效应，对此需要进行系统而深入的研究。

去合金化后得到多孔 Si 材料的同时，也会产生大量以溶液形式存在的金属离子副产物，造成了极大的材料损失和环境污染问题，不利于可持续绿色发展，而该金属离子的再生利用问题却鲜有人关注。针对 Al–Si 去合金化后金属 Al 离子的再生利用问题，我们尝试将 $AlCl_3$ 溶液设计成 Al 基有机骨架材料（Al–MOF），实现材料的循环再生利用。金属有机骨架材料，又称为金属配位聚合物，是指无机金属或者金属簇与有机配体通过配位键自组装链接而成的晶体材料，其具有高孔隙率、高比表面积、孔径可调的多维网络多孔结构。近年来，金属有机骨架衍生材料特别是过渡族金属 MOF 材料，被广泛应用在吸附、能源材料、催化材料、环境大气治理多个领域。目前常用的 MOF 制备方法包括水热法、溶剂热、微波法和电化学法等 [168–182]。

因此，本研究首先选用 D50 为 6 μm 的 Al–Si 合金为原料，通过系统正交实验设计，制备出珊瑚状多孔 Si 结构，并深入研究了结构中孔隙率、导电位点和 SiO_x 层的关联作用对电化学特性的影响规律，阐明了多孔 Si 表面包覆的 SiO_x 层中 Si 价态组成和比例变化对电化学特性的影响机理。然后，针对 Al-Si 去合金化腐蚀后金属 Al 离子的再生利用问题，系统研究了有机配体和 $AlCl_3$ 溶液的浓度配比，通过水热法和溶剂热的工艺调控，制备出新型的板砖型 Al-MOF 颗粒，实现颗粒尺寸和形貌的精确控制，并将其用于锂离子电池负极材料中，实现循环再生利用。

6.2 珊瑚状 Porous Si@SiO_x 复合材料的结构优化及电化学性能研究

6.2.1 珊瑚状 Porous Si@SiO_x 复合材料的制备

图 6-1 是反复嵌锂脱锂过程中理想的 Porous Si@SiO_x 结构变化示意图。图 6-1（a）显示实心 Al-Si 合金颗粒在反复脱嵌锂过程中会发生巨大的体积膨胀，循环数次后发生颗粒破碎和电极材料结构崩溃的现象。去合金化后得到理想的多孔 Si 结构，是宏观上缓冲体积膨胀问题最有效的方法。图 6-1（b）显示 3D 多孔 Si 内部只要预留足够多的孔洞就可以缓冲多次嵌锂脱锂过程中的体积膨胀效应。通过第 5 章的研究可知，过共晶 Al-Si 合金由初晶组织和共晶组织组成，其中共晶组织由 Al 和共晶 Si 组成。从图 6-1（c）~ 图 6-1（e）的原子排列示意图得知，通过合理的去合金化腐蚀可以去除共晶组织中适量的金属 Al，从而得到理想的珊瑚状多孔 Si 结构。假设本研究使用的球形颗粒体积为 $1/6 \cdot \pi d^3$，为了缓冲脱锂嵌锂过程中 300% 以上的体积膨胀（ΔV），则理论上理想的多孔 Si 结构的孔洞体积至少 $\geqslant 1/8 \cdot \pi d^3$（$V_{pore}$），即 $\Delta V \leqslant V_{pore}$，对应的孔隙率计算公式如式（6-1）所示：

$$\omega = \frac{m_1 - m_2}{m_1} \times 100\% \tag{6-1}$$

其中，ω 为孔隙率；m_1 为 Al-Si 合金的质量；m_2 为去合金化后多孔 Si 的质量，包括共晶 Si 和初晶 Si。

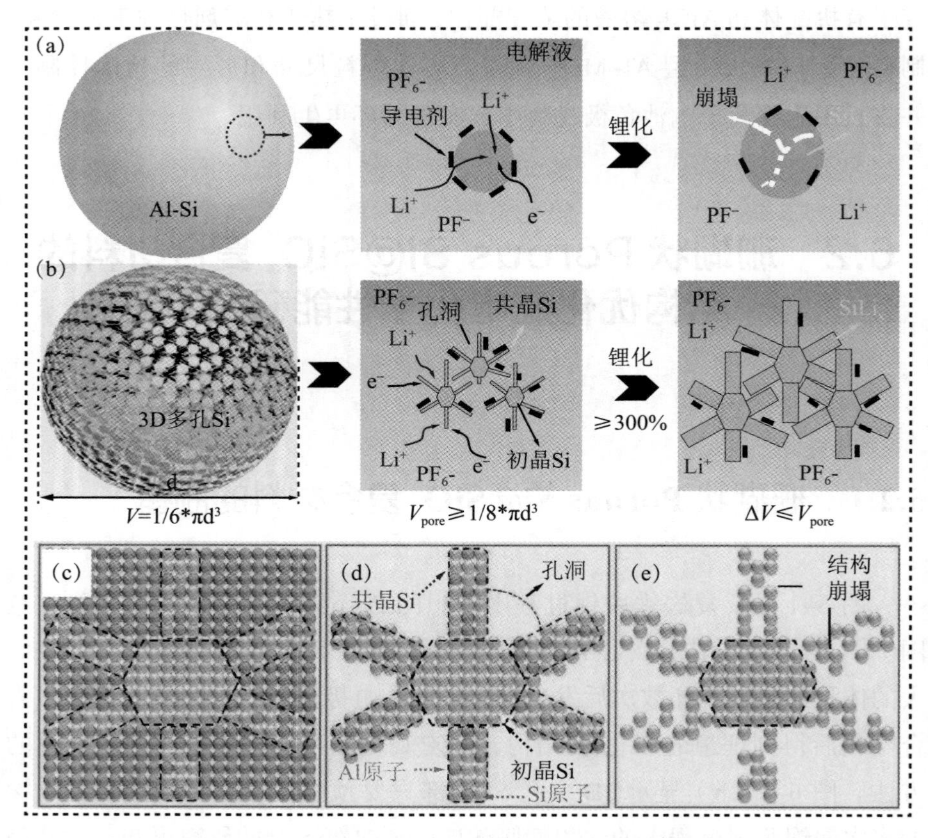

图 6-1　嵌锂脱锂过程中示意图（a）Al-Si 合金颗粒和（b）理想 Porous Si@SiO$_x$ 结构、原子排列示意图（c）Al-Si 合金、（d）理想的去合金化腐蚀和（e）过度去合金化腐蚀

孔隙率值多大时对缓冲体积膨胀问题最有效，其仍然是微米级 Si 基负极材料亟需解决的关键问题之一，且多孔结构中金属 Al 位点和 SiO$_x$ 层的关联作用对电化学特性的影响规律也是鲜为人知的。理想的孔隙率≥ 75%。同时，考虑到珊瑚状多孔结构中共晶 Si 棒金属铝元素具有维持共晶 Si 棒结构稳定性作用，不能去除彻底，故孔隙率不能超过 85%。

因此，为了验证多孔结构优化理论计算的可行性，我们首先采用上述 Al–Si 合金粉为原材料，设计 3×3 正交实验，其中涉及 A、B、C 的 3 因素分别是 HCl 浓度（0.5 mol/L、1.0 mol/L、2.0 mol/L）、反应时间（1 h、5 h、10 h）和反应温度（25 ℃、50 ℃、75 ℃），具体实验参数见表 6–1。制备得到的珊瑚状 Porous Si@SiO$_x$ 复合材料依次标记为 PSi1 ~ PSi9，其中，PSi1 的制备条件是 0.5 M HCl 中，25 ℃ 下温和磁力搅拌 1 h，然后用去离子水和酒精溶液清洗数次，抽滤后在真空环境 100 ℃ 下干燥 3 h。PSi3 的制备条件是 0.5 mol/L HCl 中，75 ℃ 下磁力搅拌 10 h。PSi7 的制备条件是 2.0 mol/L HCl 中，75 ℃ 下温和磁力搅拌 1 h。PSi9 的制备条件是 2.0 mol/L HCl 中，50 ℃ 下磁力搅拌 10 h，然后用去离子水和酒精清洗数次，抽滤后在真空环境 100 ℃ 下干燥 3 h。

表 6–1　Porous Si@SiO$_x$ 的去合金化正交腐蚀实验

实验序号	A HCl 浓度 /（mol/L）	B 反应时间 /h	C 反应温度 /℃
PSi1	0.5	1	25
PSi2	0.5	5	50
PSi3	0.5	10	75
PSi4	1.0	1	50
PSi5	1.0	5	75
PSi6	1.0	10	25
PSi7	2.0	1	75
PSi8	2.0	5	25
PSi9	2.0	10	50

6.2.2　珊瑚状 Porous Si@SiO$_x$ 复合材料的结构和形貌

实验所用 Al–Si（~20 wt.%）合金粉采购于湖南吉维信粉体有限公司，

其是由氮气高压高速雾化技术制备而得。图 6-2 是 Al-Si 合金粉的形貌和粒径分布图，可以看出 Al-Si 合金粉是 3D 球形颗粒，其中 EDS 面分布表明颗粒的 Al、Si、O 和 Fe 元素分布均匀，成分分析结果表明 Al、Si、O 和 Fe 元素质量比例分别约为 79.11 wt.%、18.95 wt.%、1.63 wt.% 和 0.32 wt.%。Al-Si 合金的粒径分布表明中位径 D50 约为 6.0 μm，颗粒大小分布较为集中。

图 6-2　Al-Si 合金粉的（a ~ c）SEM 图、（d，e）粒径分布及 Al、Si、O 的元素面分布和（f）EDS 成分分析

图 6-3 是 3×3 正交实验的 PorousSi@SiO_x 中 Si、Al 和 O 的元素面分布结果。元素 Si、Al 和 O 分别用棕褐色、亮绿色和天蓝色表示，可以看出 PSi3、PSi7 和 PSi9 的面分布重叠颜色为深黄色，表明这些样品中的绝大部分 Al 元素被去除，剩下的主要元素是 Si。而 PSi1、PSi2、PSi4、PSi5、PSi6 和 PSi8 的表面重叠颜色呈黄绿色，表明这些样品中只有少部分 Al 元素被去除，其主要物相依然是 Al。图 6-4 是正交实验样品的 XRD 物相结果。发现样品的主要物相是 Si 和 Al，且 Si 和 Al 峰的强度变化趋势是相反的，其峰强的变化取决于反应温度、反应时间和溶液浓度等综合条件。样品 PSi3、PSi7 和 PSi9 的主要物相是 Si，Al 峰的强度较弱，表明这些样品的去合金化腐蚀比较彻底，反之亦然。晶态 Si 在 2θ=28°、47°、56°、69°、76° 和 88° 分别对应晶面（111）、（220）、（311）、（400）、

（331）和（422）。在 2θ=38°、45°、65°、78° 和 83° 处对应的是金属 Al 的衍射峰，表明去合金化后共晶组织中还有残余的 Al 存在。对正交实验样品中 Si、O 和 Al 元素浓度进行统计分析，检测结果如图 6-5 所示。由图可知，PSi1 中 Si、Al 和 O 的浓度分别为 22.15 wt.%、75.81 wt.% 和 1.87 wt.%；PSi4 中 Si、Al 和 O 的浓度分别为 33.90 wt.%、63.07 wt.% 和 2.97 wt.%；PSi6 中 Si、Al 和 O 的浓度分别为 50.87 wt.%、42.27 wt.% 和 6.64 wt.%；PSi8 中 Si、Al 和 O 的浓度分别为 47.56 wt.%、45.82 wt.% 和 6.43 wt.%；PSi2 中 Si、Al 和 O 的浓度分别为 56.79 wt.%、38.53 wt.% 和 4.36 wt.%；PSi5 中 Si、Al 和 O 的浓度分别为 59.15 wt.%、33.85 wt.% 和 7.34 wt.%；PSi7 中 Si、Al 和 O 的浓度分别为 80.08 wt.%、10.81 wt.% 和 8.81 wt.%；PSi9 中 Si、Al 和 O 的浓度分别为 83.39 wt.%、5.73 wt.% 和 10.64 wt.%；PSi3 中 Si、Al 和 O 的浓度分别为 78.02 wt.%、4.58 wt.% 和 17.10 wt.%。可见，样品中 Al 的浓度越低，对应的 Si 和 O 的浓度越高，反之亦然，其与前面的 EDS 面分布和 XRD 检测结果吻合。

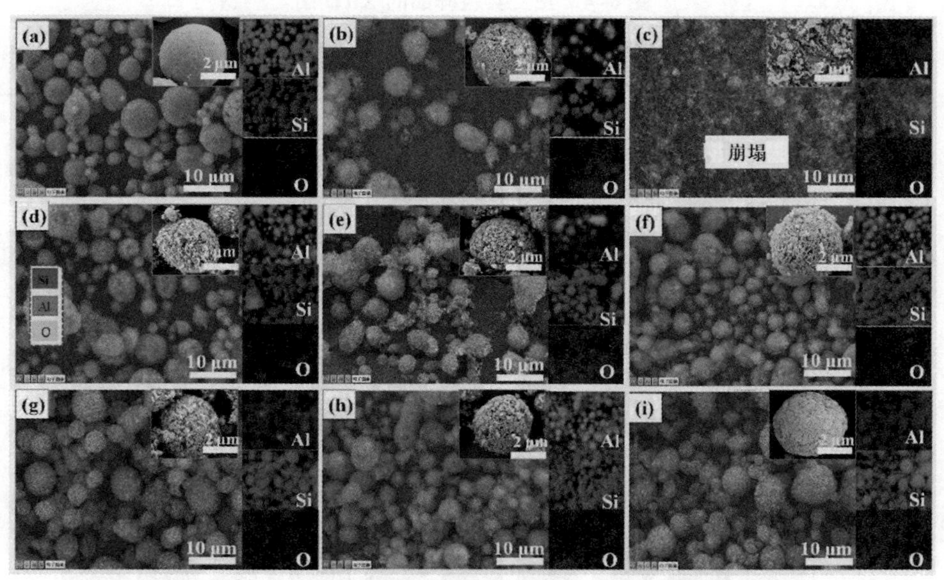

图 6-3　Porous Si@SiO$_x$ 样品的 Si、Al、O 元素面分布：（a）PSi1、（b）PSi2、（c）PSi3、（d）PSi4、（e）PSi5、（f）PSi6、（g）PSi7、（h）PSi8 和（i）PSi9

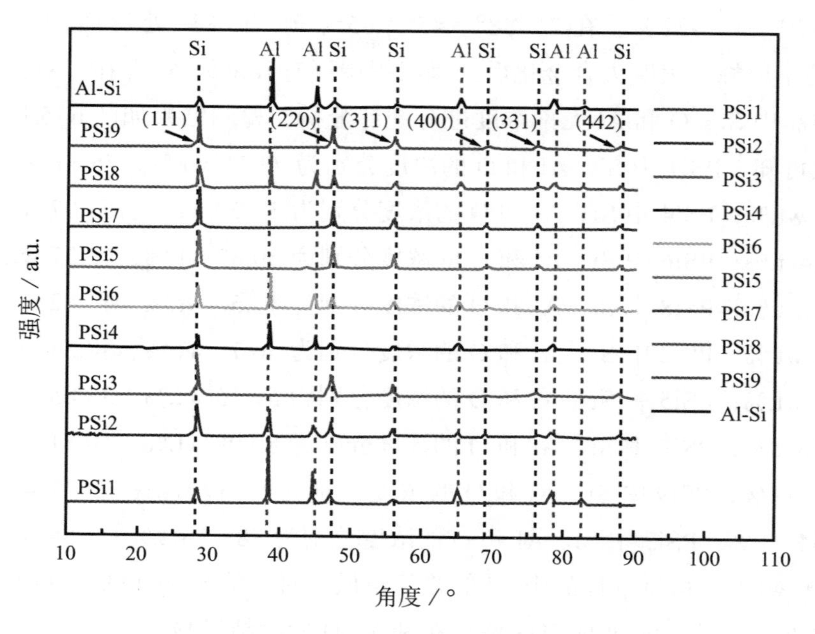

图 6-4　正交实验样品的 XRD 图

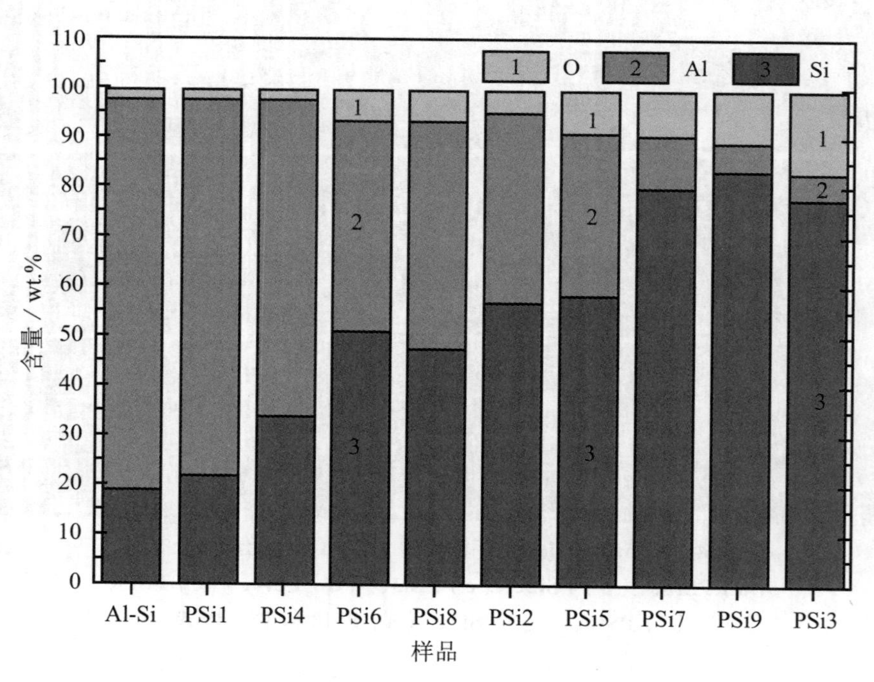

图 6-5　正交实验样品中 Si、O 和 Al 的元素浓度变化

图 6-6（a）显示 PSi1、PSi4、PSi6、PSi8、PSi2、PSi5、PSi7、PSi9 和 PSi3 的孔隙率分别是 25.76%、46.50%、59.28%、60.04%、63.04%、66.68%、76.34%、82.04% 和 88.92%。结果表明 PSi3、PSi7 和 PSi9 的孔隙率较高，数值高于 75.00%。而 PSi1、PSi2、PSi4、PSi6 和 PSi8 中共晶组织中的 Al 较多，故对应孔隙率相对较低。结合前面 EDS 面分布可知，PSi3 中的 Al 去除量最高，其质量损失率高于 85.00%，导致 3D 珊瑚状多孔 Si 结构崩塌，这归因于共晶组织中 Al 元素被过度腐蚀后使得共晶多孔纳米 Si 棒的结构不稳定。不同腐蚀梯度下具有代表性的 4 个样品 PSi1、PSi4、PSi5 和 PSi9 进行 BET 和孔径分布的检测。结果发现 PSi1、PSi4、PSi5 和 PSi9 的吸附等温曲线都属于Ⅱ型，属于多孔结构材料，对应的比表面积分别达到 12.44 m^2/g、28.81 m^2/g、32.76 m^2/g 和 41.16 m^2/g。样品的孔径分布基本在 100 nm 以内，且 40 nm 以内的孔径分布较为集中，具体内容如图 6-6（c）和图 6-6（d）所示。图 6-6（b）显示珊瑚状多孔结构 PSi1、PSi4、PSi5 和 PSi9 的氧含量比例分别达到 1.87 wt.%、2.97 wt.%、7.34 wt.% 和 10.64 wt.%，对应的 SiO_x 层厚度逐渐变大。

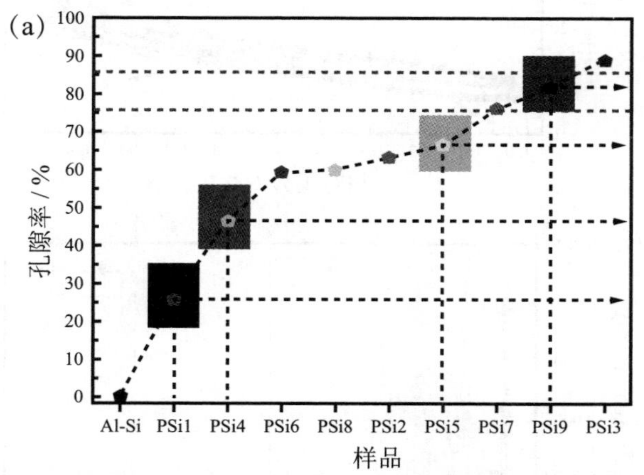

图 6-6 （a）正交实验样品中孔隙率分布、（b）氧化层的分布、（c）吸附等温曲线和（d）PSi1、PSi4、PSi5 和 PSi9 孔径分布

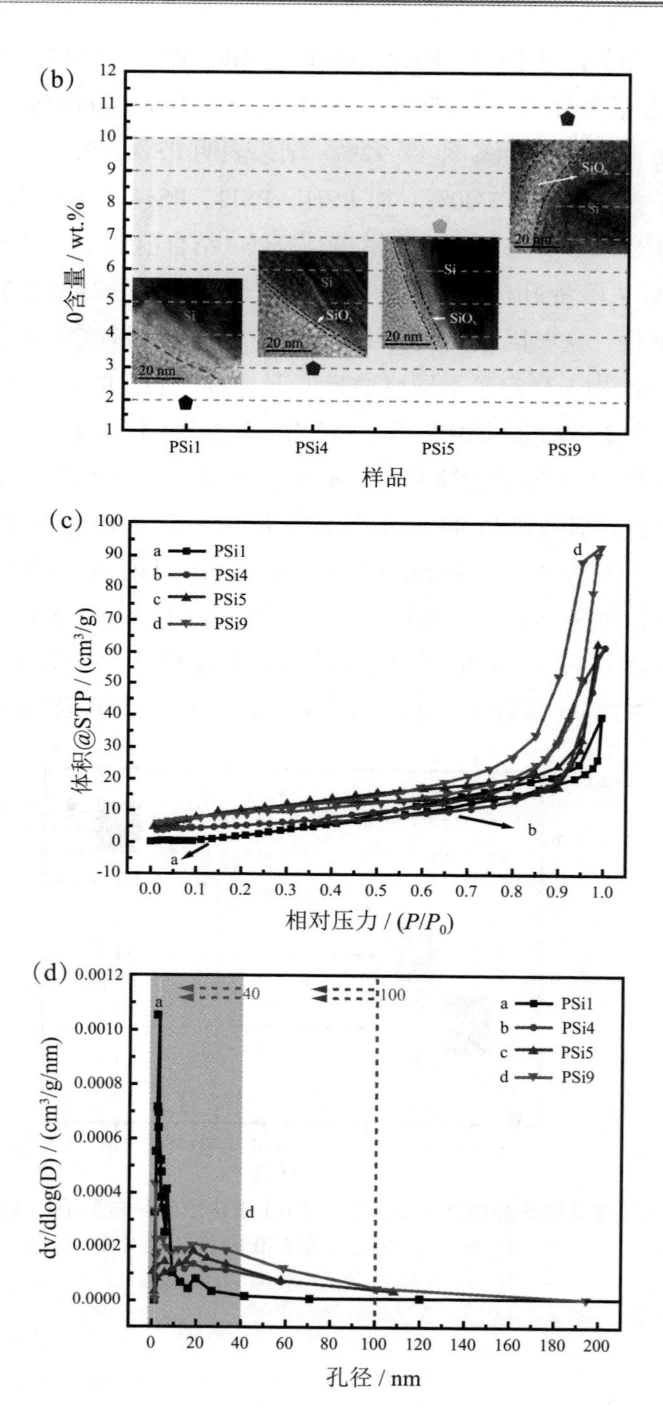

图 6–6 （a）正交实验样品中孔隙率分布、（b）氧化层的分布、（c）吸附等温曲线和（d）PSi1、PSi4、PSi5 和 PSi9 孔径分布（续）

图 6-7 是 PSi1、PSi4、PSi5 和 PSi9 未喷金处理的 SEM 照片，由图可知，这 4 个多孔样品的球形形貌保持较好，没有出现像 PSi3 结构崩塌的现象。腐蚀程度的不同在 SEM 照片中体现为白色透明程度的不同，发现腐蚀透的珊瑚状孔洞结构是透明的，而颗粒内部未腐蚀透的 Al-Si 合金组织是白色的。采用聚焦离子束切割技术，对多孔结构 PSi1、PSi4、PSi5 和 PSi9 进行纵向截面切割处理，得到的截面 FIB 图与实际视角是 cos52° 关系。为了防止离子束切割 Si 颗粒时造成外层截面的损伤，在多孔结构外表面镀了 1 ~ 2 μm 的 Pt 层。图 6-8 显示 PSi1、PSi4 和 PSi5 的去合金化打孔是由外及里逐步进行的，属于非定向择优腐蚀，且这些样品的多孔结构都没有腐蚀透彻，其内部仍存在不规则的实心合金组织。而 PSi9 的去合金化腐蚀完全，其内部形成了错综交错的 3D 纳米多孔网络结构。由前面分析可知，PSi9 的孔隙率达到 82.04%，其值介于 75.0% ~ 85.0%，理论上既可满足 Si 内部的体积膨胀，又能维持多孔共晶纳米 Si 结构的循环稳定性。

图 6-7　SEM 图：（a ~ c）PSi1、（b ~ f）PSi4、（c）PSi5 和（d）PSi9

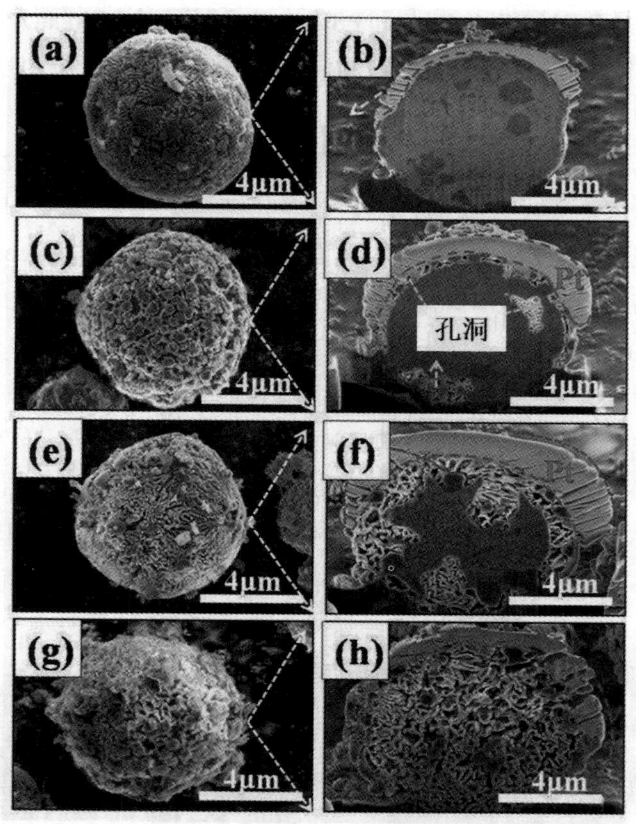

图 6-8　3D 颗粒和对应 FIB 纵向截面图：（a，b）PSi1、（c，d）PSi4、（e，f）PSi5 和（g，h）PSi9

进一步对 PSi9 结构和形貌进行表征，检测结果如图 6-9 所示。图 6-9（a）与图 6-9（b）是喷金处理后不同放大倍数下的 SEM 图，可以看出 3D 珊瑚状球形多孔结构保持完好，孔洞结构是由尺寸约为 0.5 μm 的初晶 Si 和纳米尺寸的共晶 Si 棒组成，二者分布相对均匀。图 6-9（c）image-pro 显示的黄色区域表示 Si，包括初晶 Si 和共晶 Si，蓝色区域表示孔洞，此孔洞来自共晶组织中金属 Al 的去除。图 6-9（d）与图 6-9（e）是单个球形 PSi9 颗粒 TEM 照片，与 SEM 检测结果一致。图 6-9（f）的 SAED 结果进一步表明，该多孔结构是一种织构组织，对应 Si 的 3 个晶面依次为（111）、（220）和（311）。图 6-9（g）的 HRTEM 可以看出，在去合金化反应过程中，由于水热溶液的持续作用，在晶态 Si 表面最终会形成一层致密的 SiO_x/Si 层，其厚度大约为 10 nm。图 6-9（h）的元素面分布结果显示，PSi9 颗粒中 Si、Al 和 O 元素分布均匀，表明这种 Al 掺杂的珊瑚状 Porous Si@SiO_x 复合材料结构稳定，且该元素贯穿于整个多孔结构中。可见，经过正交实验，得到了一种结构稳定的微米级珊瑚状 Porous Si@SiO_x 复合材料，其配套的孔隙率、共晶组织中残余 Al 量和 SiO_x/Si 外层，理论上是能够有效解决 Si 的体积膨胀问题，最终获得循环稳定的电极材料。

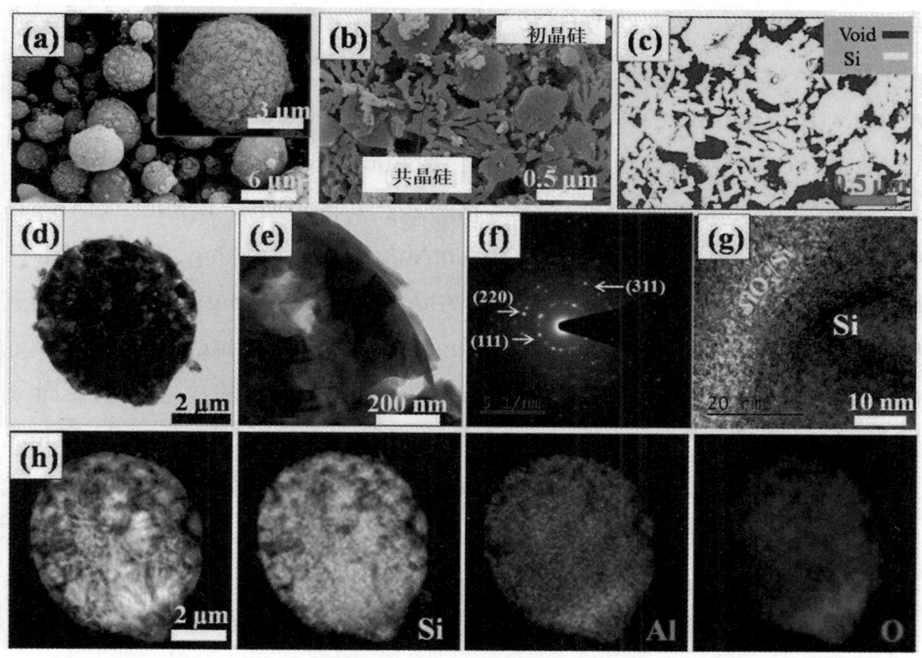

图 6-9 PSi9 的（a，b）SEM 图、（c）image-pro、（d，e）TEM、（f）SAED、（g）HRTEM 和（h）Si、Al 和 O 的 EDX 元素面分布

6.2.3 珊瑚状 Porous Si@SiO_x 复合材料的电化学性能研究

活性材料、导电剂（Super-P）和粘结剂（CMC）的质量比为 70：15：15，其均匀混合后的浆料涂覆在铜箔上，在 120 ℃ 下真空干燥 10 h，切割后获得极片并组装成纽扣电池。电解液为 1 M $LiPF_6$ 溶于 EC 和 DEC（体积比为 1：1）+10.0%FEC 溶液。

对正交实验中不同珊瑚状 Porous Si@SiO_x 复合材料进行了倍率、充放电曲线、循环、EIS 等电化学性能的测试研究。图 6–10（a）是正交实验中所有样品的倍率性能检测结果，其中样品 PSi9 在 0.1 A/g、0.2 A/g、0.5 A/g、1.0 A/g、2.0 A/g 和 3.0 A/g 时，放电比容量分别达到 2914.3 mAh/g、2216.0 mAh/g、1761.9 mAh/g、1268.2 mAh/g、933.0 mAh/g 和 558.2 mAh/g，且电流密度重新回到 0.1A/g 时比容量仍高达 1652.1 mAh/g，显示了高倍率循环后优越的比容量恢复能力。在 0.1 A/g、0.2 A/g、0.5 A/g、1.0 A/g、2.0 A/g、3.0 A/g 和 0.1 A/g 时，样品 PSi7 的放电比容量分别是 3304.8 mAh/g、1835.7 mAh/g、1267.1 mAh/g、836.9 mAh/g、430.4 mAh/g、124.3 mAh/g 和 1514.4 mAh/g；样品 PSi5 的放电比容量分别是 3063.1 mAh/g、1037.1 mAh/g、572.6 mAh/g、390.6 mAh/g、208.4 mAh/g、77.5 mAh/g 和 896.2 mAh/g；样品 PSi2 的放电比容量分别是 2830.5 mAh/g、1079.7 mAh/g、576.7 mAh/g、355.8 mAh/g、191.7 mAh/g、124.0 mAh/g 和 791.1 mAh/g；样品 PSi8 的放电比容量分别是 2314.2 mAh/g、594.3 mAh/g、358.6 mAh/g、195.4 mAh/g、66.1 mAh/g、29.1 mAh/g 和 524.9 mAh/g；样品 PSi6 的放电比容量分别是 2202.7 mAh/g、503.0 mAh/g、251.4 mAh/g、137.4 mAh/g、31.8 mAh/g、1.4 mAh/g 和 357.8 mAh/g；样品 PSi4 的放电比容量分别是 1977.7 mAh/g、425.6 mAh/g、259.6 mAh/g、141.6 mAh/g、56.1 mAh/g、11.5 mAh/g 和 286.3 mAh/g；样品 PSi3 的放电比容量分别达到 1855.1 mAh/g、210.4 mAh/g、179.6 mAh/g、170.4 mAh/g、145.4 mAh/g、132.5 mAh/g 和 256.8 mAh/g；样品 Al–Si 的放电比容量分别达到 1527.9 mAh/g、74.0 mAh/g、34.9 mAh/g、17.7 mAh/g、8.0 mAh/g、5.0 mAh/g 和 90.3 mAh/g。

图 6–10（b）~ 图 6–10（h）是不同电流密度下首次充放电曲线的分布情况，直观显示了不同多孔样品在不同电流密度下的容量极化情况以及电压平台的变化趋势。由图可知，样品整体上放电的电压平台是低于 0.25 V 的，充电电压平台是高于 0.30 V 的，其充电平台高于石墨，可有效避免充电过程中析锂现象的发生，具有较高的使用安全性。因此，样品倍率性能的优越顺序依次为 PSi9、PSi7、PSi5、PSi2、PSi8、PSi6、PSi4、PSi3、PSi1 和 Al–Si。结合前面 6.6（a）孔隙率的结果可知，孔隙率在合理的范围内（小于 85%），样品倍率性能的优越程度与多孔结构的孔隙率息息相关，一般样品的孔隙率值越大，对应的倍率性能越好。然而，对

于样品 PSi3，由于其对应的孔隙率或者质量损失率高于 85%，使得共晶组织中 Al 元素被过度腐蚀，导致共晶多孔纳米 Si 棒的结构不稳定，出现了 3D 珊瑚状多孔 Si 结构崩塌的现象，故无法有效为后期嵌锂脱锂过程中 Si 的体积膨胀提供有效缓冲空间，导致其倍率性能较差。

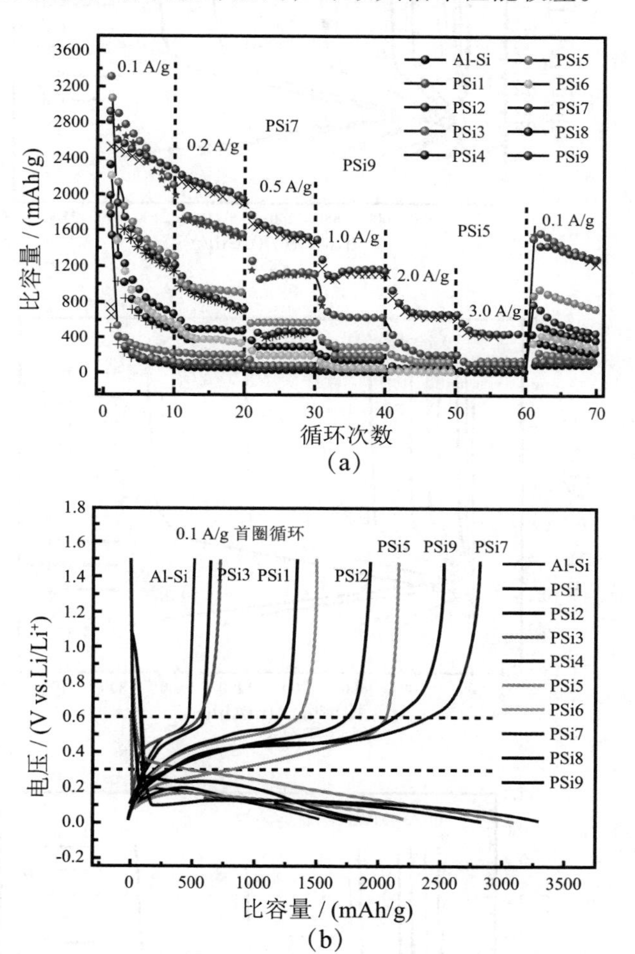

图 6-10 不同实验样品的（a）倍率性能和（b ~ h）首次充放电曲线

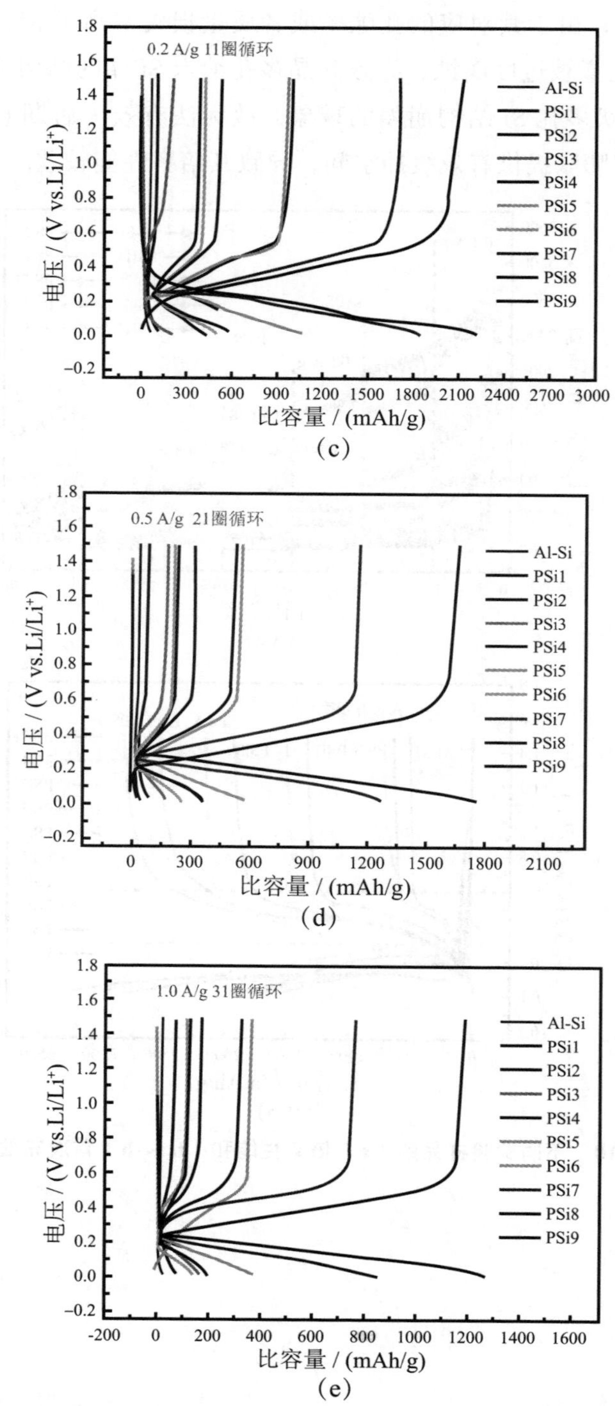

图 6-10　不同实验样品的（a）倍率性能和（b ~ h）首次充放电曲线（续）

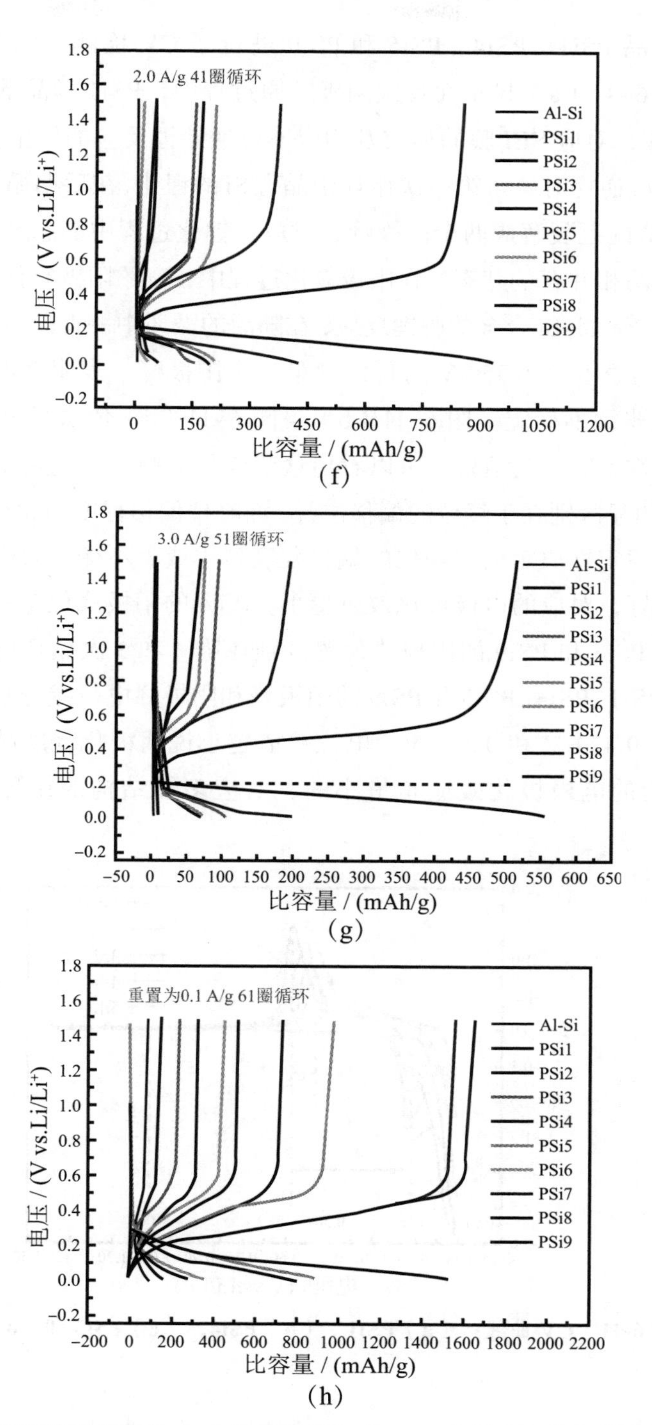

图 6-10　不同实验样品的（a）倍率性能和（b ~ h）首次充放电曲线（续）

对样品 PSi1、PSi4、PSi5 和 PSi9 进行了 CV 检测，结果如图 6–11 所示。图 6–11（a）显示在首次阴极还原过程中，PSi1 样品的阴极峰出现在 1.068 V，对应 SEI 膜的形成及相应不可逆储锂反应的发生。在 0.011 V 附近的不可逆峰对应于第一次循环中晶态 Si 的锂化，在后期循环的 0.152 V 和 0.011 V 附近裂解成两个阴极峰，对应于锂化过程中晶态 Si 转换为非晶 Si 过程中两相并存的状态。在阳极氧化过程中，宽的阳极峰首先在 0.589 V 出现，对应于 Li–Si 合金的脱锂反应，在随后的循环中一直向左偏移到 0.504 V 附近，且逐步在 0.350 V 附近出现第二个阳极峰，表明 PSi1 结构的 CV 循环性能非常不稳定。图 6–11（b）~ 图 6–11（d）依次是 PSi4、PSi5 和 PSi9 的 5 次 CV 曲线结果，可以看出这些样品的峰位等电化学特性没有本质变化，明显区别在于峰位的偏移位置，而峰位偏移程度的大小是由样品孔洞结构的稳定性决定的。峰位的偏移程度越小或者不变，表明样品的循环稳定性越好，对应的电极极化效应越小。PSi4 的阳极峰位置一直向左发生偏移，而 PSi5 和 PSi9 的阳极峰位置分别在第 4 和 3 次循环后峰位不再发生偏移。PSi1、PSi4、PSi5 和 PSi9 的阳极峰和阴极峰电位差分别是 0.437 V、0.431 V、0.424 V 和 0.383 V。电位差值越小说明极化程度越小。可见，PSi9 结构的电极极化效应是最小的，对应多孔结构的循环稳定性是最好的。

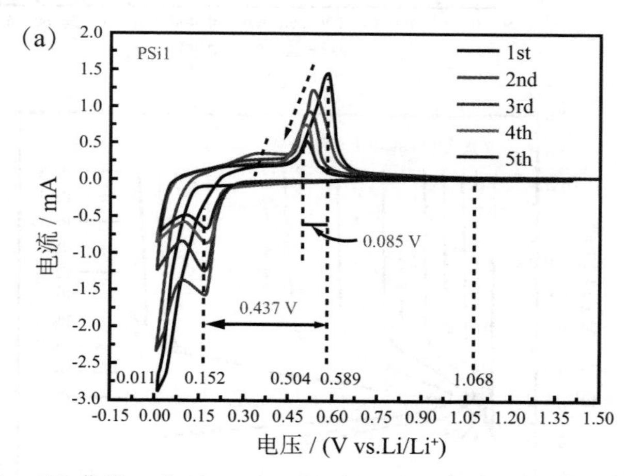

图 6-11　CV 曲线：（a）PSi1、（b）PSi4、（c）PSi5 和（d）PSi9

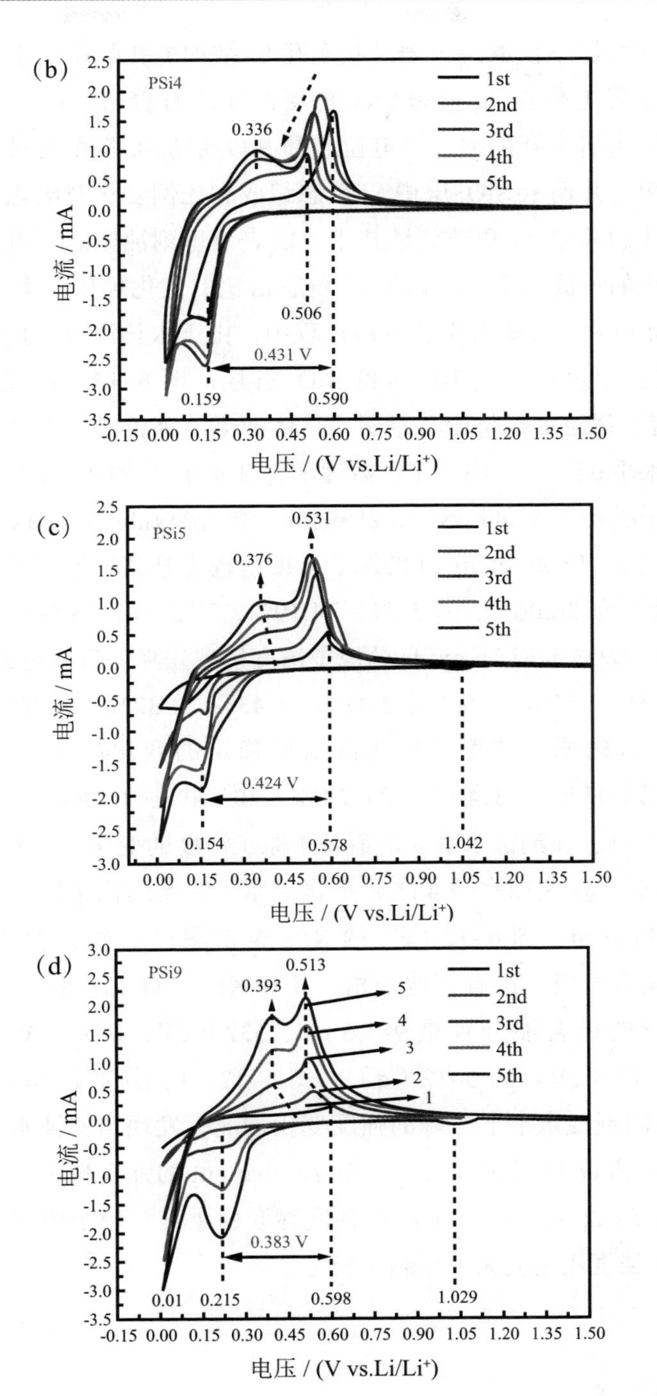

图 6-11　CV 曲线：（a）PSi1、（b）PSi4、（c）PSi5 和（d）PSi9（续）

电化学特性不仅取决于珊瑚状多孔 Si 结构的孔隙率，也与其匹配的共晶组织中导电位点 Al 量和 SiO_x 外层的厚度有着密切的关联作用。因此，为了深入研究孔隙率、导电位点和 SiO_x 层的关联作用对电化学特性的影响规律，并揭示 SiO_x 层中 Si 价态组成和比例变化对电化学特性的影响机理，我们采用 Ar 离子刻蚀技术，由表及里刻蚀样品，得到样品表面随深度变化的不同原子类型以及 Si 价态占比的变化规律。由图 6-9（g）的 HRTEM 可知，在去合金化反应过程中，由于水热溶液的持续作用，在晶态 Si 表面会生长一层 10 nm 的 SiO_x/Si 层。图 6-12（a）是 SiO_x/Si 外层的 Ar 离子刻蚀水平位置示意图，具体的刻蚀等级设置为 8 个水平，对应从刻蚀水平 0 到 7。不同原子的浓度随刻蚀水平变化的结果如图 6-12（b）所示，原子类型主要包括 Si 2p element、Si 2p oxide 和 O 1s 三种。从刻蚀水平 0 到 7，Si 2p element 的原子浓度呈现先升高后稳定的变化趋势，浓度依次为 36.06%、67.38%、74.19%、77.33%、78.54%、79.40%、79.38% 和 79.95%；Si 2p oxide 的原子浓度呈现先降低后稳定的变化趋势，浓度依次为 13.37%、4.62%、2.41%、1.43%、1.32%、0.96%、1.27% 和 0.55%；O 1s 的原子浓度呈现先降低后稳定的变化趋势，浓度依次为 50.57%、28.01%、23.40%、21.24%、20.14%、19.64%、19.35% 和 19.50%；可见，在刻蚀水平 4 之前属于原子浓度的变化区，对应于 10 nm 的 SiO_x/Si 层。在刻蚀水平 4 之后则属于原子浓度的稳定区，对应于包覆层里面的晶态 Si。图 6-12（c）的 XPS 全谱图显示 PSi9 是由 Si、Al 和 O 组成的复合材料，没有其他杂相，其 O KLL、O 1s、Si 2s、Si 2p、Al 2s 和 Al 2P 的结合能分别是 983.6 eV、532.0 eV、149.0 eV、99.0 eV、118.0 eV、73.0 eV。图 6-12（d）~ 图 6-12（f）分别是 Si 2p、O 1s 和 Al 2s 在不同刻蚀水平下分峰的强度变化情况，发现当刻蚀水平为 0 时，Si 2p oxide 和 O 1s 的强度最大，Si 2p element 的强度最小。随着刻蚀水平的增加，Si 2p oxide 和 O 1s 的强度逐渐变小直至趋于稳定，对应的 Si 2p element 强度逐渐变大直至趋于稳定。

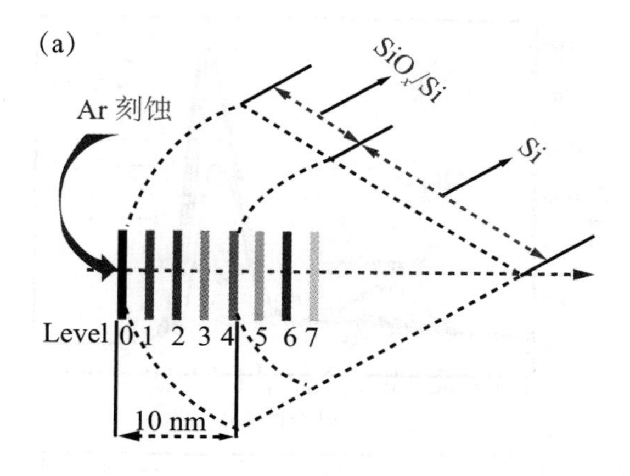

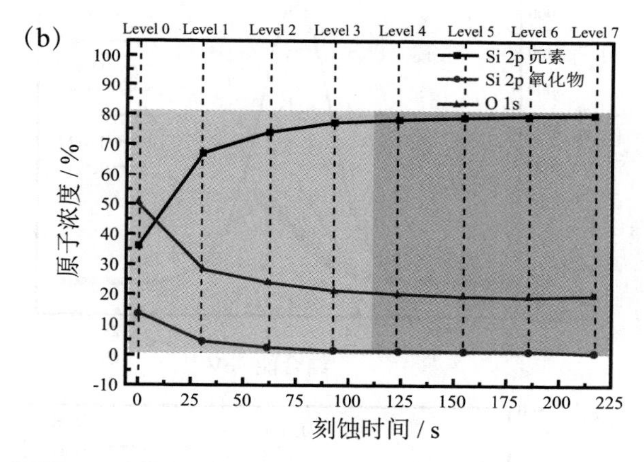

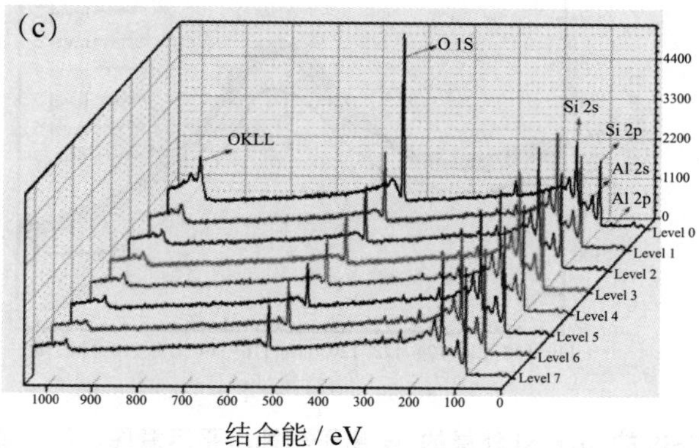

图 6–12 （a）PSi9 的 SiO$_x$/Si 外层的 Ar 离子刻蚀水平示意图、（b）原子浓度的分布、XPS 的（c）全谱图、（d）Si 2p、（e）O 1s 和（f）Al 2s

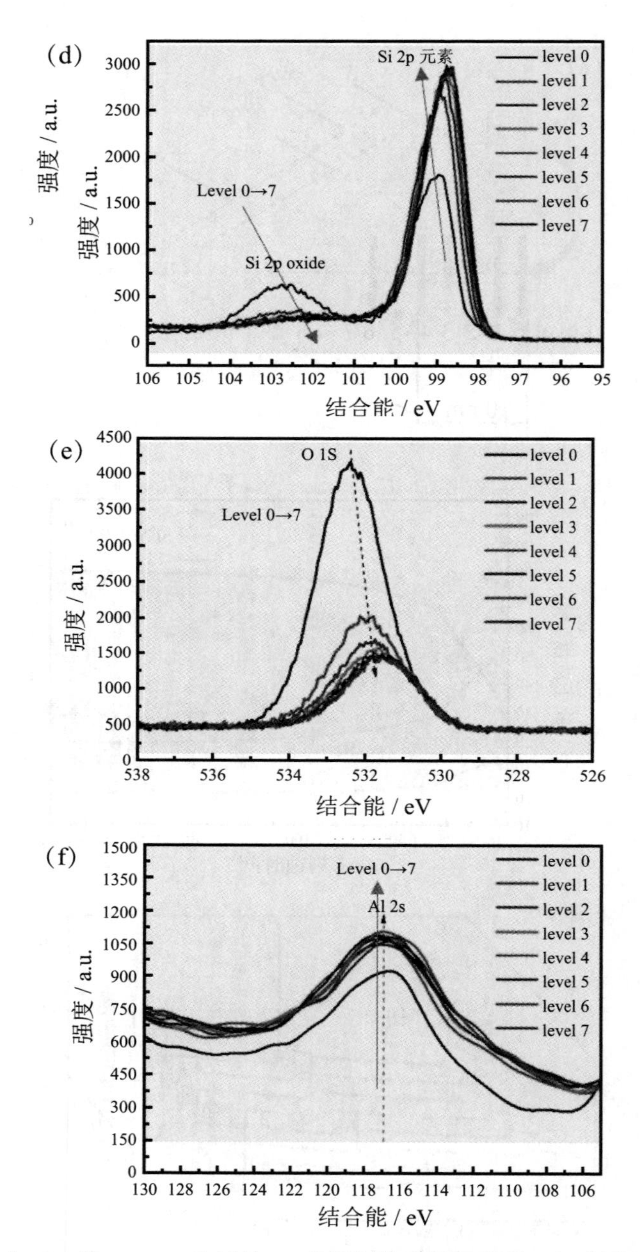

图 6-12 （a）PSi9 的 SiO_x/Si 外层的 Ar 离子刻蚀水平示意图、（b）原子浓度的分布、XPS 的（c）全谱图、（d）Si 2p、（e）O 1s 和（f）Al 2s（续）

图 6-13（a）~ 图 6-13（e）是刻蚀水平从 0 到 4 的 Si 2p 分谱图，其分峰拟合结果显示分峰曲线 1、2、3、4 和 5 分别对应 Si^0、Si^{4+}/Si^0、

Si^{4+}/Si^0、Si^{3+} 和 Si^{4+}。从 XPS 数据库得知，曲线 2 和 3 都属于 Si^{4+}/Si^0 的团簇相，二者的区别在于纳米 Si 颗粒和 Si 氧化物的界面交错团簇的比例大小不同。从刻蚀水平 0 到 4，纳米层中 Si^{4+}/Si^0、Si^{3+} 和 Si^{4+} 的比例逐步降低，而对应 Si^0 的比例则逐步升高。图 6-13（f）的定量检测结果显示：在刻蚀水平 0 时，Si^0、Si^{4+}/Si^0、Si^{3+} 和 Si^{4+} 的百分比分别是 15.37%、52.34%、21.95% 和 10.34%；在随后刻蚀水平中，纯 SiO_2 对应的 Si^{4+} 消失。在刻蚀水平 1 时，Si^0、Si^{4+}/Si^0 和 Si^{3+} 的百分比分别是 43.63%、45.82% 和 10.56%。在刻蚀水平 2 时，Si^0、Si^{4+}/Si^0 和 Si^{3+} 的百分比分别是 58.72%、34.84% 和 6.44%。在刻蚀水平 3 时，Si^0、Si^{4+}/Si^0 和 Si^{3+} 的百分比分别是 69.02%、30.93% 和 0.00%，对应的 Si^{3+} 也消失。在刻蚀水平 4 时，Si^0 和 Si^{4+}/Si^0 的百分比分别是 74.61% 和 25.39%。可见，10 nm SiO_x/Si 层中的 Si 价态的组成和比例变化规律如下：随着刻蚀水平的加深，Si^{4+}/Si^0、Si^{3+} 和 Si^{4+} 的百分比逐步降低，价态高有的则消失殆尽，而 Si^0 的百分比则逐步增加。

SiO_x 材料的电化学机理与单质 Si 有所区别。首先 SiO_x 会与 Li^+ 反应形成纳米 Si、Li_2O 及锂硅酸盐（Li_4SiO_4 或者 $Li_2Si_2O_5$），反应生成的 Li_2O 及 Li_4SiO_4 或 $Li_2Si_2O_5$ 可抑制纳米 Si 颗粒发生团聚，起到缓冲体积膨胀的作用，而生成的纳米 Si 颗粒会进一步与 Li^+ 发生嵌锂脱锂的可逆反应 [182-184]，具体如式（6-2）~ 式（6-5）所示：

$$SiO_x + 2xLi \rightarrow xLi_2O + Si \tag{6-2}$$

$$SiO_x + xLi \rightarrow 0.25xLi_4SiO_4 + (1 - 0.25x)Si \tag{6-3}$$

$$SiO_x + 0.4xLi \leftrightarrow 0.2xLi_2Si_2O_5 + (1 - 0.4x)Si \tag{6-4}$$

$$Si + xLi \leftrightarrow Li_xSi \tag{6-5}$$

基于此，PSi9 结构的 SiO_x/Si 层中 Si 价态的组成和比例是递进变化的。随着刻蚀水平的增加，Si^{4+}/Si^0、Si^{3+} 和 Si^{4+} 的百分比逐步降低，Si^{3+} 和 Si^{4+} 在刻蚀水平 3 后消失殆尽，而 Si^0 的百分比则从 15.37% 增加到 74.61%。结果表明由表及里的 10 nm SiO_x/Si 层中可以参与可逆反应提供

比容量的 Si^0 含量越来越多，起缓冲作用的 Li_2O 及 Li_4SiO_4 或者 $Li_2Si_2O_5$ 的含量则越来越小。

这些研究进一步揭示了 SiO_x 层中 Si 价态组成和比例变化对电化学特性的影响规律。研究发现 Si^{4+}/Si^0、Si^{3+} 和 Si^{4+} 虽然也具有一定的嵌锂容量，但循环后形成的 Li_2O 及 Li_4SiO_4 或者 $Li_2Si_2O_5$，主要起缓冲体积膨胀的作用，故刻蚀水平 0 对应多孔结构最外层的嵌锂能力很弱。由表及里，随着 Si^0 价态比的增加，对应的区域嵌锂能力逐步提升，体现在充放电曲线上就是循环几圈后出现比容量回升的现象。图 6–14（a）是 PSi9 在 1.0 A/g 下的循环性能，显示首次放电和充电比容量分别为 3058.7 mAh/g 和 2364.4 mAh/g，首次 CE 为 77.30%，循环 100 次后分别为 1367.9 mAh/g 和 1340.8 mAh/g，对应 CE 达到 98.02%，且循环 300 次后分别达到 903.2 mAh/g 和 899.7 mAh/g，对应 CE 达到 99.61%。图 6–14（b）的充放电曲线结果表明，在 1.0 A/g 下，阴极还原过程中首次 SEI 膜的形成会消耗大量的 Li^+，造成近 694.3 mAh/g 的不可逆比容量损失，但是在随后的循环过程中存在充电比容量大幅度回升的现象，分析认为主要归因于两方面：一是结构稳定的珊瑚状多孔结构维持了 SEI 膜的稳定形成，二是 Si 颗粒表面生长的 10 nm SiO_x/Si 层中 Si^0 价态占比升高导致。到第 10 圈循环时，PSi9 充电和放电比容量依次达到 2743.4 mAh/g 和 2792.7 mAh/g，对应 CE 高达 98.23%。图 6–14（c）EIS 结果表明，PSi9 样品在原始状态对应于电极 – 电解液界面的电荷转移电阻最大，随着循环次数的增加，对应的阻抗值逐渐减小。

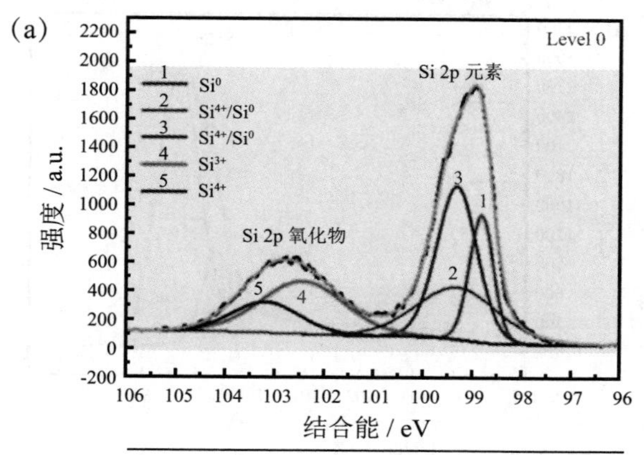

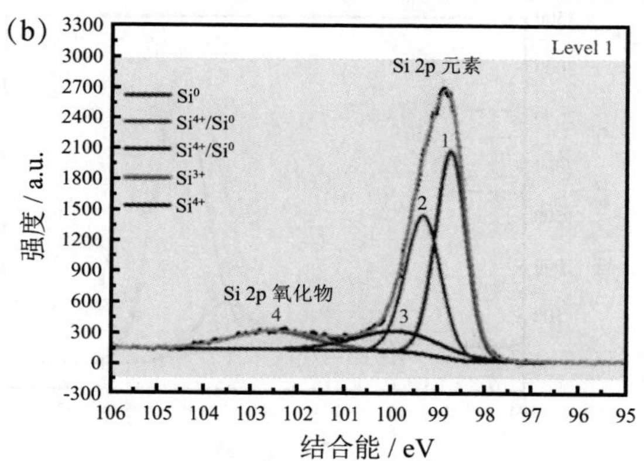

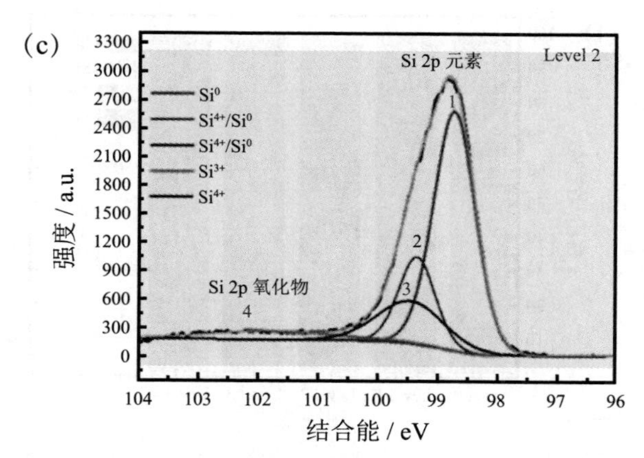

图 6-13 PSi9 不同刻蚀水平下的 Si 2p 分峰图谱：（a）水平 0、（b）水平 1、（c）水平 2、（d）水平 3、（e）水平 4 和（f）不同 Si 价态组成和比例变化

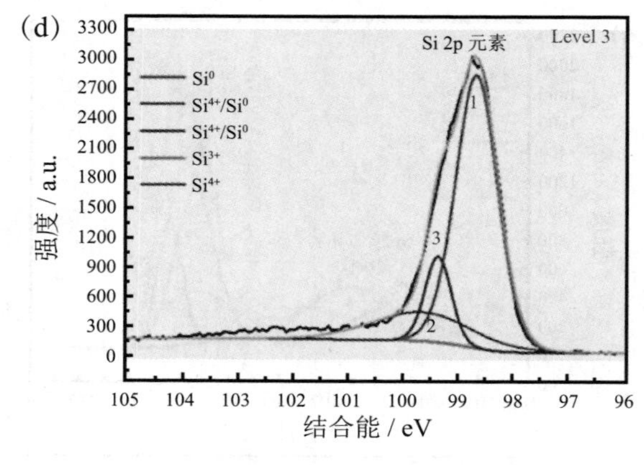

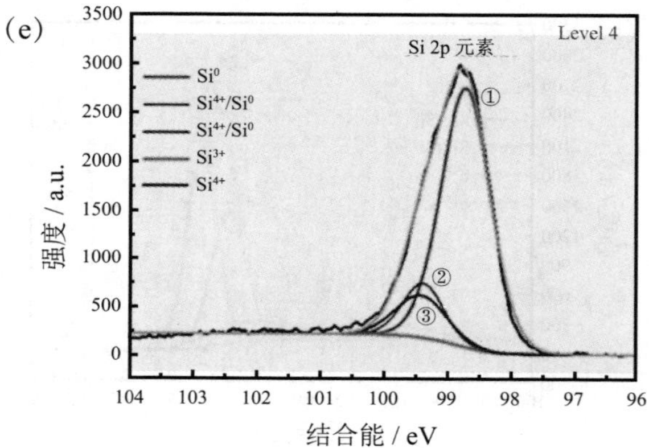

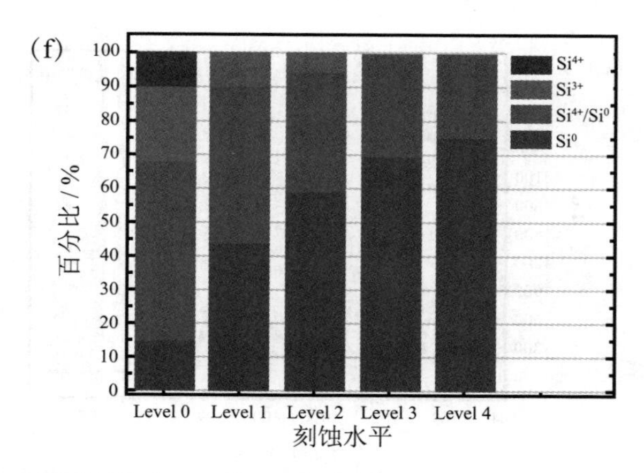

图 6-13　PSi9 不同刻蚀水平下的 Si 2p 分峰图谱：（a）水平 0、（b）水平 1、（c）水平 2、（d）水平 3、（e）水平 4 和（f）不同 Si 价态组成和比例变化（续）

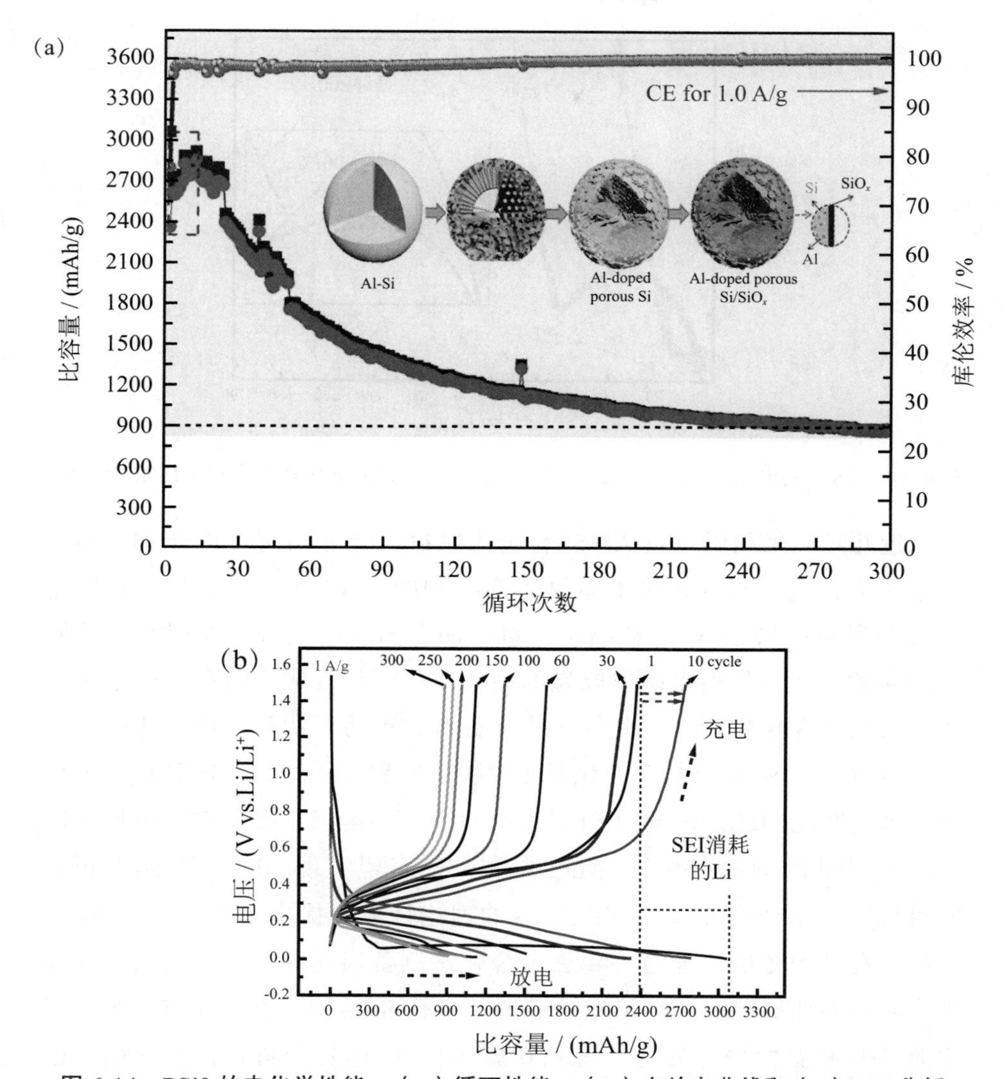

图 6-14 PSi9 的电化学性能：（a）循环性能、（b）充放电曲线和（c）EIS 分析

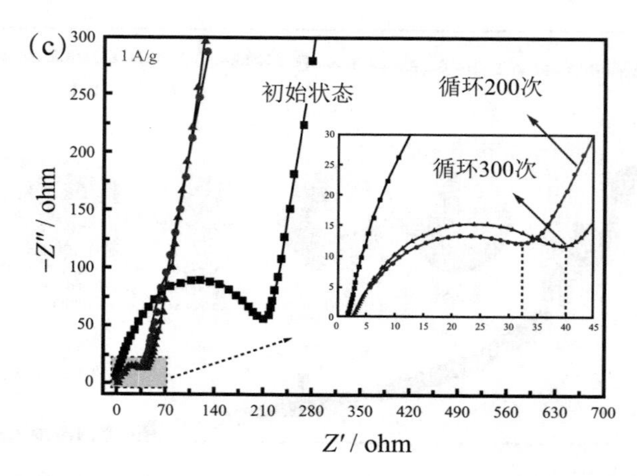

图 6-14　PSi9 的电化学性能：（a）循环性能、（b）充放电曲线和（c）EIS 分析（续）

近几年，采用微米级 Al-Si 合金为原料，制备 Si 基复合结构得到了广泛研究，主要研究结果汇总见表 6-2 和图 6-15 所示。通过特殊制备方法得到的特殊 Si-C 复合结构，对推动锂离子电池科研发展具有重要的指导意义，但是很多研究成果的制备流程冗长且成本较高，很难短时间内实现产业化生产，因此寻求成本更低、更易产业化生产的方法，是高比容量微米 Si 基材料产业化亟需解决的问题。同时，考虑到正负极材料的容量匹配问题，短期内 Si 基复合材料只要能稳定循环 300 个周期以上，比容量保持在 750.0 mAh/g 左右，仍有望实现 2025 年 350 Wh/kg 的目标。本节研究是基于多孔结构的理论计算，提出了 75.0% ~ 85.0% 的最优孔隙率范围，通过一步去合金化法制备出珊瑚状多孔结构，表现出优异的循环性能。后期可在该珊瑚状多孔 Si 结构表面，通过简单功能化改性和高温煅烧等处理，得到新型多孔 Si-C 复合材料，实现循环稳定性的进一步提升。

表 6-2 用 Al-Si 合金为原料制备 Si 基负极材料的电化学性能比较

复合材料	Al-Si 颗粒尺寸 / μm	方法	首圈比容量 / (mAh/g)	首圈库伦效率 /%	(n) 圈比容量 / (mAh/g)	参考文献
Si/C	碎屑 (0.5 ~ 50 mm)	腐蚀 + 球磨 + 热解	1182.0	82.10	707.4 (300)	[135]
Si/C@ TiO_2	20%Si-Al (5 ~ 10 μm)	腐蚀 + 热解 + 溶胶凝胶	1713.4	~ 75.00	1077.3 (100)	[136]
Si/p-NC	10%Si-Al (80 nm)	腐蚀 + 热解	2900.0	72.00	~ 800.0 (400)	[137]
Porous Si	20%Si-Al (~ 15 μm)	腐蚀	3450.0	60.10	1368.0 (258)	[138]
Si/C	50%Si-Al (5 ~ 10 μm)	腐蚀 + 热解	3153.0	~ 69.00	1133.0 (100)	[139]
P-Si_{50}/C	50%Si-Al (~ 1 μm)	熔融 + 球磨 + 腐蚀 + 热解	2949.0	79.70	1226.0 (200)	[140]
P-Si_{20}	20%Si-Al (~ 10 μm)	腐蚀	1673.1	72.40	1211.3 (200)	[141]
Si-CNT/G	10%Si-Al (2 ~ 3 μm)	腐蚀 + 热处理	2100.0	58.00	1100.0 (100)	[142]
Si-$C_2H_2O_4$	10%Si-Al (~ 5 μm)	腐蚀	2702.4	57.29	1063.0 (200)	[143]
Porous Si@SiO$_x$	20%Si-Al (5 ~ 10 μm)	腐蚀	3058.7	77.30	903.2 (300)	本工作

注：所有电化学性能数据的比较都是根据文献统计的。

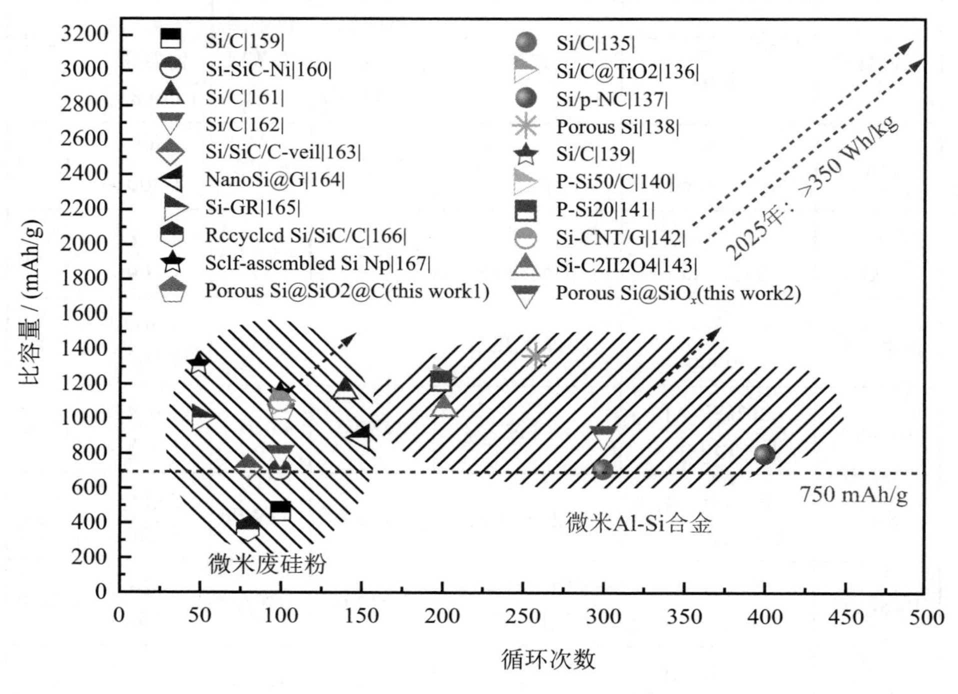

图 6-15　国内外研究现状性能对比

6.3　板砖型 Al-MOF 复合材料的再生制备及电化学性能研究

6.3.1　Al-MOF 复合材料的再生制备

去合金化腐蚀选用的 Al-Si 合金中 Al 的质量比例约为 80 wt.%。采用去合金化工艺得到最优珊瑚状 Porous Si@SiO$_x$ 复合材料的同时，会有 75 wt.% 左右的 Al 以 $AlCl_3$ 溶液副产物的形式被浪费掉，造成了极大的材料损失，也带来了废液回收处理难的问题，不利于可持续绿色发展。目前去合金化后 Al 离子的回收或者再生利用问题未被关注。为此，本研究从金属有机骨架概念出发，设计有机配体和 $AlCl_3$ 溶液的浓度配比，通过调控自组装反应的工艺参数，包括反应溶液体系、反应温度、反应时间和表面活性剂修饰等参数，最终制备出新型的板砖型 Al–MOF 颗粒，并将其尝试用于锂离子电池负极材料中，显示出优越的循环稳定性，为去合金化后副产物 $AlCl_3$ 溶液的再生利用提供了闭环思路。

由前面 6.2 的研究内容可知，最优结构的珊瑚状样品 PSi9 是在 2.0 mol/L 的 HCl 中，50 ℃ 下温和磁力搅拌 10 h，在用去离子水和酒精溶液抽滤清洗反应产物之前，先将反应溶液用定量滤纸抽滤一次，并从滤瓶中回收得到白色透明的 $AlCl_3$ 溶液。根据配比计算，回收的 $AlCl_3$ 溶液浓度约为 0.007 mol/L，pH 在 4 ~ 5 范围内。本节 Al–MOF 颗粒的制备流程示意图和实验设计分别和见表 6–3 和图 6–16 所示。

表 6–3　Al–MOF 制备的实验设计

实验序号	A 反应溶液 /mL	B 反应时间 /h	C 反应温度 / ℃	D 添加剂
1	50 DMF+10 H_2O	6	150	PVP
2	50 DMF+10 H_2O	9	150	PVP
3	50 DMF+10 H_2O	15	150	PVP
4	50 DMF+10 H_2O	21	150	PVP
5	60 H_2O	9	150	—
6	60 H_2O	6	150	PVP
7	60 H_2O	9	150	PVP
8	60 H_2O	15	150	PVP
9	60 H_2O	21	150	PVP
10	60 H_2O	9	120	PVP
11	60 H_2O	9	180	PVP
12	60 H_2O	9	210	PVP

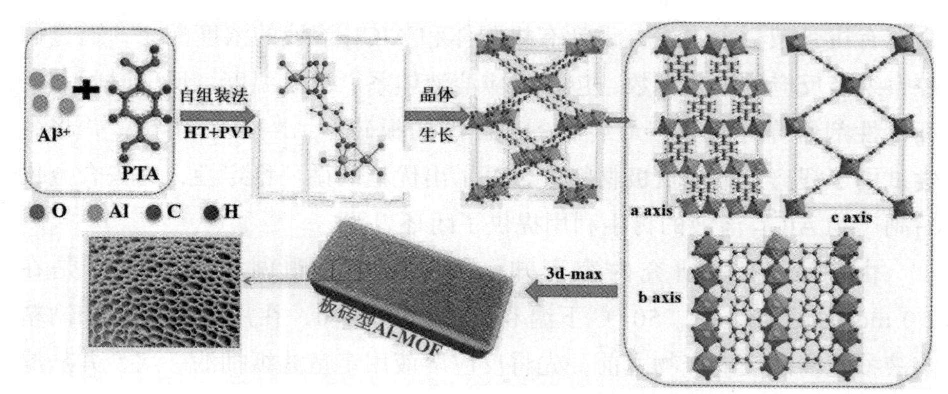

图 6-16 新型板砖型 Al-MOF 材料的制备示意图

6.3.1.1 溶剂热法合成 Al-MOF

取 5 mL $AlCl_3$ 酸性溶液溶于 50 mL 二甲基甲酰胺（DMF），标记为溶液 A；取 0.61 g 对苯二甲酸（PTA）和 1.83 g PVP 溶于 10 mL 的去离子水中，标记为溶液 B；将溶液 A 和 B 混合均匀，温和磁力搅拌 30 min，置于 100 mL 聚四氟乙烯内衬的不锈钢反应釜中，密封后置于 150 ℃下分别反应 6 h、9 h、15 h 和 21 h。溶剂热反应结束后，用去离子水和无水乙醇离心清洗数次得到白色粉末，置于 80 ℃真空干燥箱中干燥 15 h 得到样品 Al-MOF。

6.3.1.2 水热法合成 Al-MOF

取 5 mL $AlCl_3$ 酸性溶液和 0.61 g PTA 溶于 60 mL 的去离子水中，磁力搅拌 30 min 使其混合均匀，置于 100 mL 聚四氟乙烯内衬的不锈钢反应釜中，在 150 ℃下反应 9 h，得到无 PVP 表面活性剂修饰的 Al-MOF 样品。另外，取 5 mL $AlCl_3$ 酸性溶液、0.61 g PTA 和 1.83 g PVP 溶于 60 mL 去离子水中，温和磁力搅拌 30 min 混合均匀，置于 100 mL 聚四氟乙烯内衬的不锈钢反应釜中，密封后置于 150 ℃下反应时间 6 h、9 h、15 h 和 21 h 以及在 9 h 下反应 120 ℃、180 ℃和 210 ℃。反应结束后用去离子水和无水乙醇离心清洗数次得到白色粉末，将其置于 80 ℃的真空干燥箱中干燥 15 h 得到样品 Al-MOF。

6.3.2 Al–MOF 复合材料的形貌调控研究

目前研究报道的绝大部分Al–MOF颗粒为尺寸极不均匀的棒状颗粒，而MOF材料尺寸及形貌的均匀程度对于产品的品质影响很大，故精确调控MOF颗粒的尺寸及形貌的均匀性具有重大意义[167–176]。研究发现，控制MOF晶体尺寸和形貌的影响因素很多，包括反应体系中的金属源、pH、反应物摩尔比、反应时间、反应温度和溶剂体系等。上述任一条件的改变都可能会对MOF的成核与生长过程产生巨大影响。为此，需要对MOF制备过程中的影响因素进行系统研究，以达到精确调控形貌和尺寸的要求。

本研究使用的$AlCl_3$酸性溶液的浓度约为0.007 mol/L，pH在4～5范围内。图6–17是溶剂热法制备的Al–MOF颗粒SEM图。由图可知，在150 ℃，6 h下形成了尺寸约为400 nm的橄榄球型Al–MOF颗粒，是由若干纳米尺寸MOF颗粒团聚形成。当溶剂热反应时间从9 h延长到21 h，发现Al–MOF颗粒的团聚现象越来越严重，形貌变得越发不规则，颗粒长大到5 μm左右。图6–18的Al–MOF颗粒EDS结果表明，随着晶化反应时间的延长，Al–MOF中C含量逐步增加，对应金属Al含量逐步降低。图6–23（a）是不同反应时间的溶剂热XRD图谱。从图中可以看出，合成产物在2θ=9.1°、10.0°、15.4°、18.3°和20.8°附近均出现了明显的结构特征峰。其中，反应6 h的产物在10.0°和20.8°附近的特征峰不明显，分析认为是反应时间较短，导致MOF的晶化生长不完全。随着反应时间的延长，Al–MOF的特征峰显著增强，且9 h、15 h和21 h反应产物的衍射峰位置及强度基本吻合。

可见，在DMF溶剂热体系下，Al–MOF晶化可以在短时间内迅速进行，且随着晶化时间的延长，反应体系中参与自组装的有机配体含量越来越高。同时，我们认为溶剂热体系中的DMF在150 ℃下密闭自生压力下的长时间反应过程中会发生分解，释放出的胺类物质可以使得PTA的羧酸配体去质子化，导致晶化反应快速进行，但是速度过快又会导致MOF晶体生长的延长性较差，容易发生团聚现象。

图 6–17　溶剂热法制备 Al–MOF 颗粒的 SEM 图：（a ~ d）6 h，150 ℃；（e ~ h）9 h，150 ℃；（i ~ l）15 h，150 ℃；（m ~ p）21 h，150 ℃

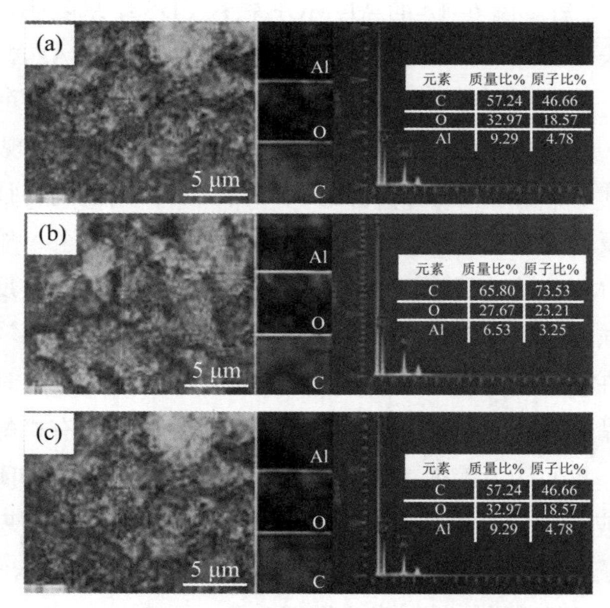

图 6-18　溶剂热法制备 Al-MOF 颗粒 EDS 图：（a）6 h，150 ℃；（b）9 h，150 ℃；（c）15 h，150 ℃；（d）21 h，150 ℃

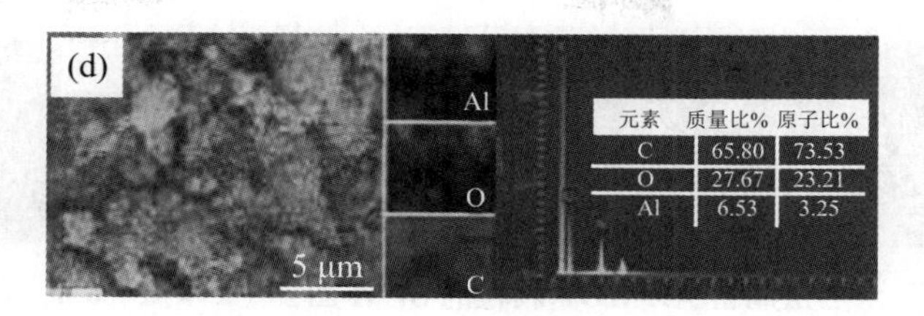

图 6-18 溶剂热法制备 Al-MOF 颗粒 EDS 图：（a）6 h，150 ℃；（b）9 h，150 ℃；（c）15 h，150 ℃；（d）21 h，150 ℃（续）

基于此，对溶剂热体系进行了修正，在 150 ℃下避免使用 DMF 试剂，尝试用水热体系。在不同反应时间下制备的 Al-MOF 颗粒 SEM 图和 EDS 结果分别如图 6-19 和图 6-20 所示。结果表明：150 ℃下水热 6 h 形成的矩形状 Al-MOF 颗粒尺寸较小。水热 9 h 生成尺寸长为 1 μm，宽为 300 nm，高为 100 nm 左右的板砖型 Al-MOF 颗粒，且颗粒分布均匀性最好。当水热时间从 15 h 增加到 21 h 时，Al-MOF 的颗粒尺寸逐渐变大，且存在明显的局部团聚现象。可见，反应时间的过度延长会导致 Al-MOF 结构的退化。EDS 结果发现，反应时间从 6 h 增加到 21 h 时，Al-MOF 颗粒中 C 含量比例从 41.75 wt.% 增加到 54.25 wt.%，对应 O 的含量比例从 41.64 wt.% 降低到 37.17 wt.%，对应 Al 的含量比例从 16.62 wt.% 降低到 8.58 wt.%。

图 6-19 水热法制备 Al-MOF 颗粒的 SEM 图：（a ~ d）6 h，150 ℃；（e ~ h）9 h，150 ℃；（i ~ l）15 h，150 ℃；（m ~ p）21 h，150 ℃

图 6-19 水热法制备 Al-MOF 颗粒的 SEM 图：（a ~ d）6 h，150 ℃；（e ~ h）9 h，150 ℃；（i ~ l）15 h，150 ℃；（m ~ p）21 h，150 ℃（续）

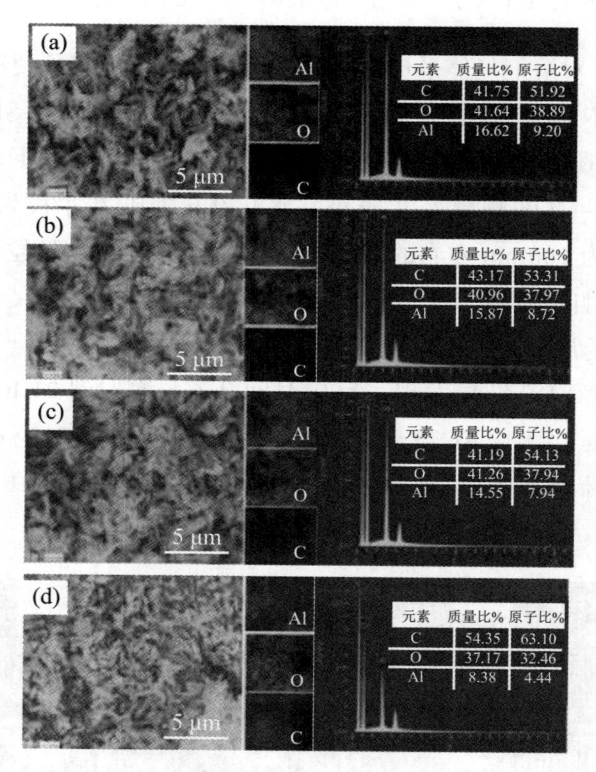

(a)

元素	质量比%	原子比%
C	41.75	51.92
O	41.64	38.89
Al	16.62	9.20

(b)

元素	质量比%	原子比%
C	43.17	53.31
O	40.96	37.97
Al	15.87	8.72

(c)

元素	质量比%	原子比%
C	41.19	54.13
O	41.26	37.94
Al	14.55	7.94

(d)

元素	质量比%	原子比%
C	54.35	63.10
O	37.17	32.46
Al	8.38	4.44

图 6-20 水热法制备 Al-MOF 颗粒 EDS 图：（a）6 h，150 ℃；（b）9 h，150 ℃；（c）15 h，150 ℃；（d）21 h，150 ℃

本研究进一步研究了在反应 9 h 下的 120 ℃、150 ℃、180 ℃和 210 ℃的 Al-MOF 形貌变化。图 6-21 的 SEM 图显示，反应温度为 120 ℃时，仍然可以形成板砖型 Al-MOF 颗粒，但颗粒尺寸较小，形状相对不规则，由于晶化不彻底导致的。当反应温度达到 210 ℃时，板砖型 Al-MOF 颗粒表面明显出现了很多小尺寸的杂相，且表面相对粗糙，说明在 210 ℃反应 9 h 后形成的 MOF 结构已经出现了明显的退化或者分解。可见，反应温度的高低对晶体形貌也会产生显著影响，图 6-22 的 EDS 结果表明，反应温度从 120 ℃增加到 210 ℃，Al-MOF 颗粒中 C 含量比例从 40.13 wt.% 增加到 59.09 wt.%，对应 O 含量比例从 42.36 wt.% 降低到 34.27 wt.%，对应 Al 的含量比例从 17.51 wt.% 降低到 6.65 wt.%，该元素含量变化趋势与前面研究类似。

图 6-21　水热法制备 Al-MOF 颗粒的 SEM 图：（a ~ d）9 h，120 ℃；（e ~ h）9 h，150 ℃；（i ~ l）9 h，180 ℃；（m ~ p）9 h，210 ℃

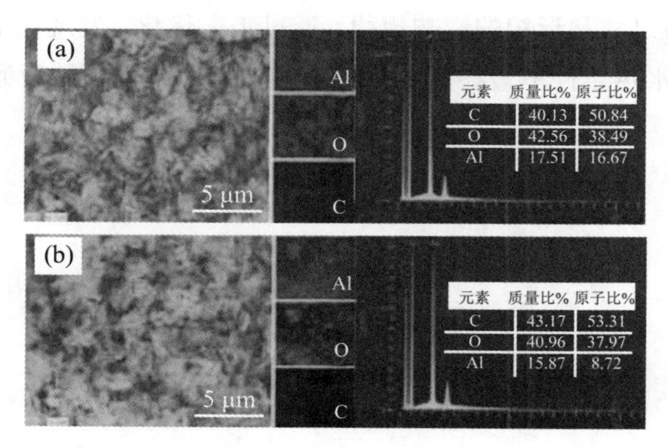

图 6-22　水热法制备 Al-MOF 颗粒 EDS 图：（a）9 h，120 ℃；（b）9 h，150 ℃；（c）9 h，180 ℃；（d）9 h，210 ℃

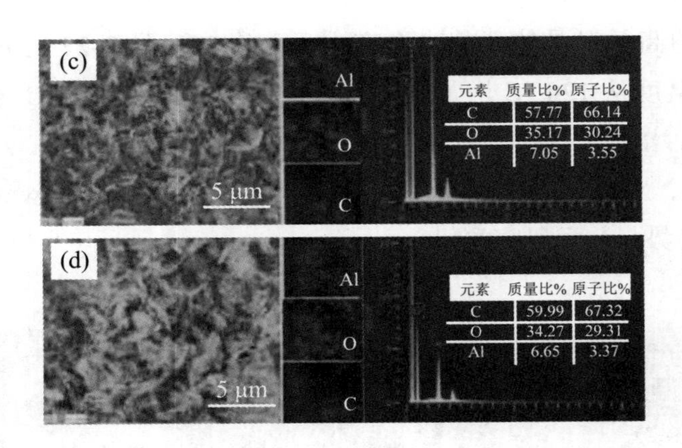

图 6–22 水热法制备 Al–MOF 颗粒 EDS 图：（a）9 h，120 ℃；（b）9 h，150 ℃；（c）9 h，180 ℃；（d）9 h，210 ℃（续）

图 6–23（b）和（c）是水热法分别在不同反应时间和反应温度下的 XRD 检测结果。从图中可以看出，合成产物在 2θ=8.2°、9.3°、16.2°、18.3° 和 21.0° 附近均出现了明显的结构特征峰。其中，150 ℃ 下反应 6 h 的产物在 16.2°、25.0° 和 28.0° 附近的特征峰不明显，表明该反应条件下产物的反应时间较短，导致 MOF 晶化不完全。而随着反应时间和温度继续增加，Al–MOF 的特征峰显著增强，且对应产物的衍射峰位置及强度基本吻合，其与溶剂热的物相表征规律类似。XRD 结果显示，在 150 ℃ 下反应 9 h 后水热合成的 Al–MOF 峰强最强，特别是在 2θ=16.2° 的主峰强度最大，表明该物相的合成效果最好。因此，本研究系统研究了反应体系中的 Al 源、反应物的摩尔比、反应时间、反应温度以及溶液体系等因素对 MOF 颗粒尺寸和形貌的影响规律，通过工艺优化，发现在 150 ℃、9 h、PVP 修饰的水热条件下最终制备出尺寸均匀、形貌规则的新型板砖型 Al–MOF 颗粒。

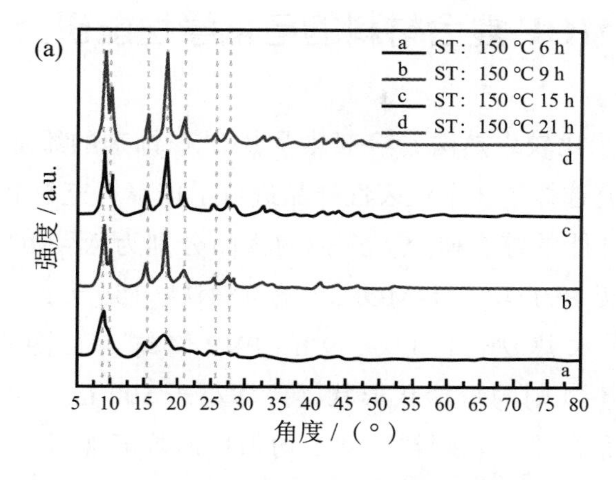

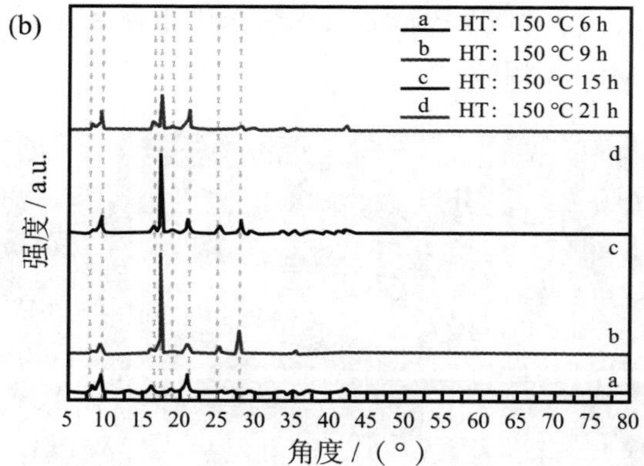

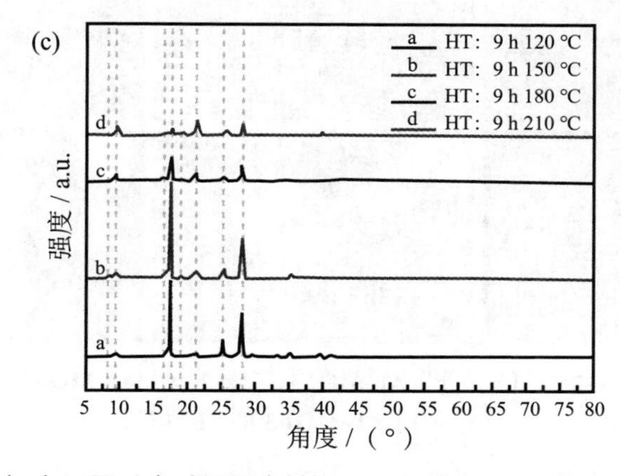

图 6-23 （a）不同反应时间下溶剂热法、（b）不同反应时间下水热法和（c）不同反应温度下水热法的 XRD 图

6.3.3 Al–MOF 复合材料的电化学性能研究

为了进一步比较水热法、溶剂热及 PVP 修饰剂的添加对电化学特性的影响，本研究选择了 3 个代表性样品进行了倍率、充放电曲线、循环、EIS 等电化学性能的综合研究。选择的样品分别为 Al–MOF1（水热法：150 ℃，9 h，无 PVP）、Al–MOF2（溶剂热法：150 ℃，9 h，PVP 修饰）和 Al–MOF3（水热法：150 ℃，9 h，PVP 修饰）。图 6–24 显示 Al–MOF1 颗粒为不规则的短棒状形状，尺寸小于 500 nm，而 Al–MOF2 颗粒的团聚现象很严重，且颗粒尺寸不均匀且形貌不规则，尺寸达到 5 μm 左右。在 150 ℃、9 h 和 PVP 修饰的水热条件下制备出尺寸均匀、形貌规则的板砖型 Al–MOF3 颗粒。

图 6–24 （a ~ c）Al–MOF1、（d ~ f）Al–MOF2 和（g ~ i）Al–MOF3 的 SEM 图

图 6–25 的 TEM 和 EDX 检测结果进一步显示，Al–MOF3 颗粒形貌是板砖型的，且颗粒中元素 Al、C 和 O 的分布是均匀的，呈现孔洞结构。图 6–26 是 Al–MOF3 颗粒和对应 FIB 纵向截面图。由图可知，Al–MOF3

是由微孔和介孔组成的多孔材料。由图 6-16Al-MOF 的 3D 模型及对应 a、b、c 轴的 2D 模型可知，在酸性条件下，Al 与有机配体中的 O 形成了 AlO6 的八面体结构，这些八面体 AlO6 簇通过 PTA 配体进行连接，形成了具有菱形孔道的三维结构。图 6-27（a）是 3 种 Al-MOF 样品的 XRD 检测结果，其与前文的物相结果分析基本一致，在此不再赘述。图 6-27（b）显示板砖型 Al-MOF3 颗粒的平均粒径为 878.6 nm，绝大部分粒径小于 1 um。BET 检测结果显示 Al-MOF3 颗粒的孔径主要由大量微孔和少量介孔组成，其平均孔径约为 2.5 nm，比表面积为 129.2 m^2/g，吸附等温曲线属于Ⅱ型，为多孔结构，对应检测结果如图 6-27（c）和图 6-27（d）所示。

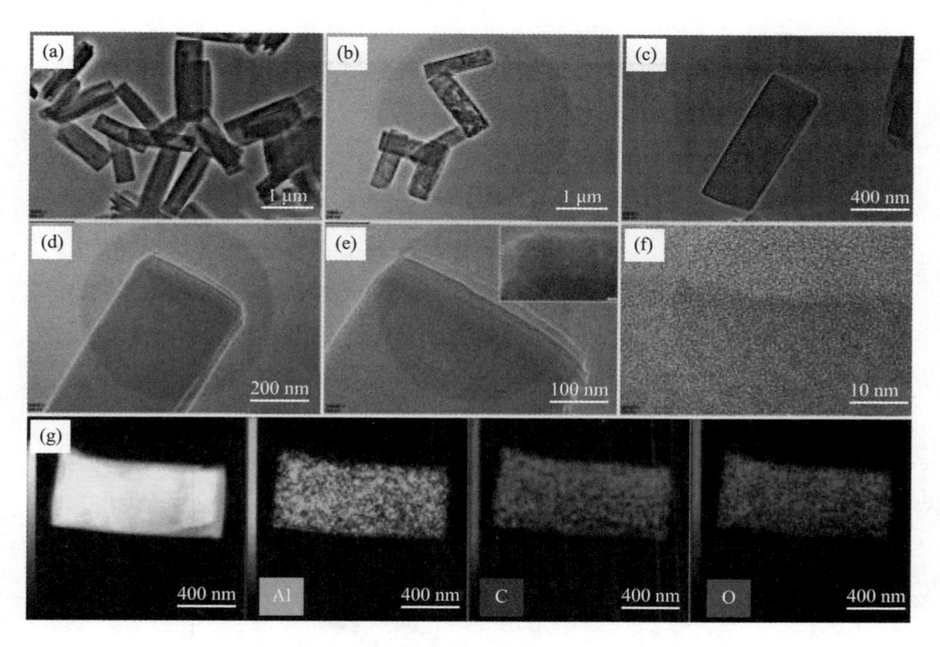

图 6-25　板砖型 Al-MOF3 颗粒（a-f）TEM 图和（g）EDX elemental mapping of Al、C 和 O

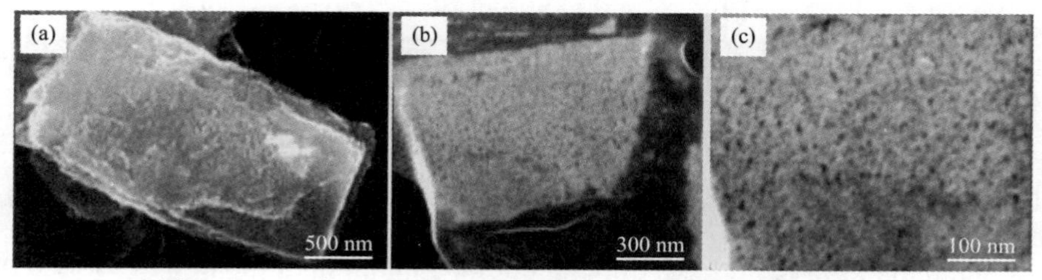

图 6-26　一个 Al-MOF3 颗粒和 FIB 纵向截面的 SEM 图

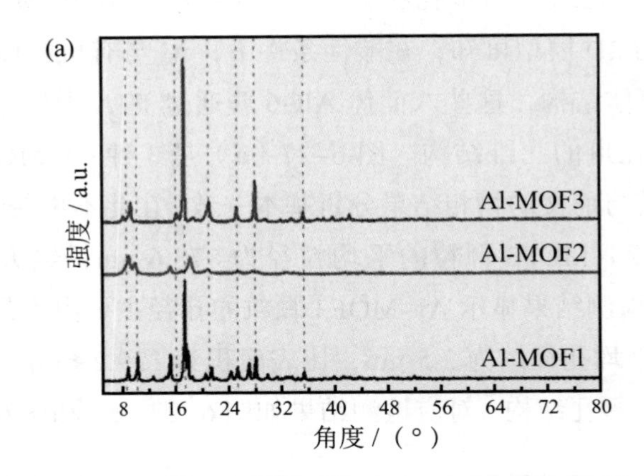

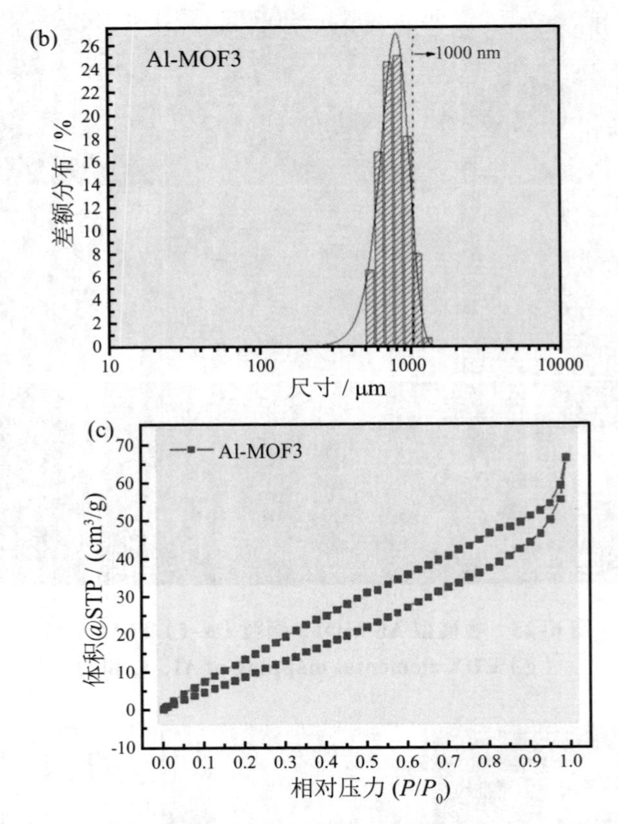

图 6–27　（a）Al–MOF 的 XRD、Al–MOF3 颗粒的（b）粒径分布、（c）等温吸附曲线和（d）孔径分布

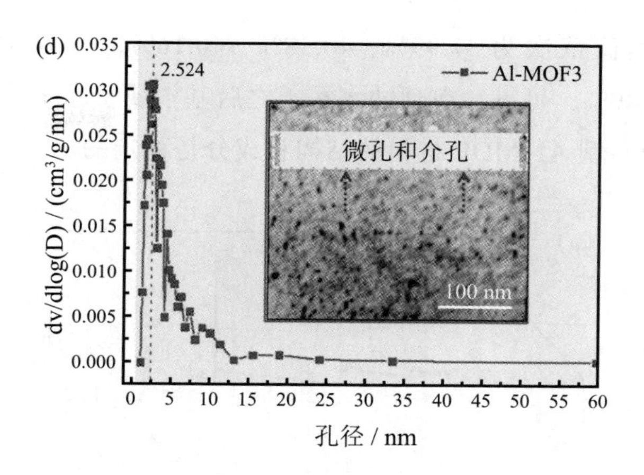

图 6–27　（a）Al–MOF 的 XRD、Al–MOF3 颗粒的（b）粒径分布、（c）等温吸附曲线和（d）孔径分布（续）

为了深入解析板砖型 Al–MOF3 的物相组成，采用 Ar 离子刻蚀技术，由表及里刻蚀样品最外层，得到不同原子类型及 C 价态组成的变化规律。Ar 离子刻蚀水平分为 7 个，对应刻蚀水平为 0 到 6。图 6–28（a）和图 6–28（b）的 XPS 全谱图显示了板砖型 Al–MOF 在不同刻蚀水平下的物相组成情况，发现其是由 C、Al 和 O 组成的 3D 多孔材料，没有其他杂相，且随着刻蚀水平的深入，图谱的峰强曲线吻合很好，物相没有质的变化。在结合能 75.0 eV 对应 Al 2p，属于化合物中的 Al^{3+}，在 531.0 eV 对应 O 1s，在 284.0 eV 和 288.0 eV 处对应 C 1s 的两个峰，其位置的区别在于 C 键组合的不同。图 6–28（c）～图 6–28（e）分别是不同刻蚀水平下 C 1s、O 1s 和 Al 2p 分峰的强度变化结果。当刻蚀水平为 0 时，C 1s 和 O 1s 的峰强最大，而 Al 2p 的峰强最小。随着刻蚀水平增加，C 1s 和 O 1s 的峰强逐渐变小，对应 Al 2p 峰强则逐渐变大，且最终都趋于稳定。结果表明，板砖型 Al–MOF 材料结构和成分除了最外面的纳米层变化较大，其他位置是基本不变的。图 6–28（f）的检测结果显示：从刻蚀水平 0 到 6，C 1s 的原子浓度呈现先降低后稳定的趋势，其值依次为 51.91%、35.19%、35.17%、34.86%、35.26%、35.34% 和 35.19%；Al 2p 的原子浓度呈现先升高后稳定的趋势，其值依次为 10.10%、24.43%、24.67%、25.45%、25.34%、25.32% 和 25.41%；O 1s 的原子浓度呈现先升高后稳定的趋势，其值依次为37.99%、40.38%、40.16%、39.70%、39.40%、39.34%和39.40%。可见，在刻蚀水平1之后基本属于原子浓度变化稳定区，即对应板砖型Al–MOF材料的结构和成分是稳定的。

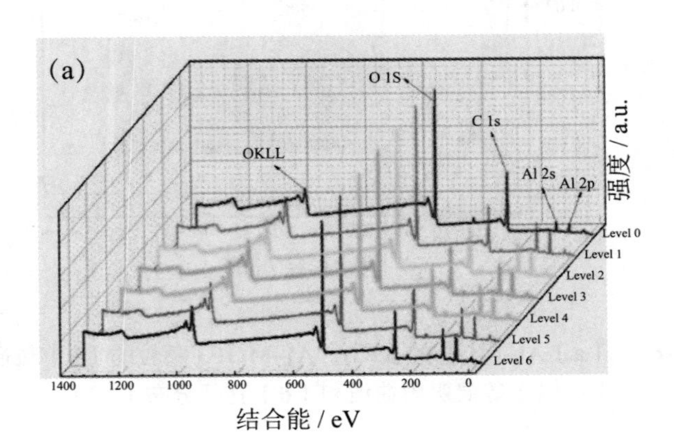

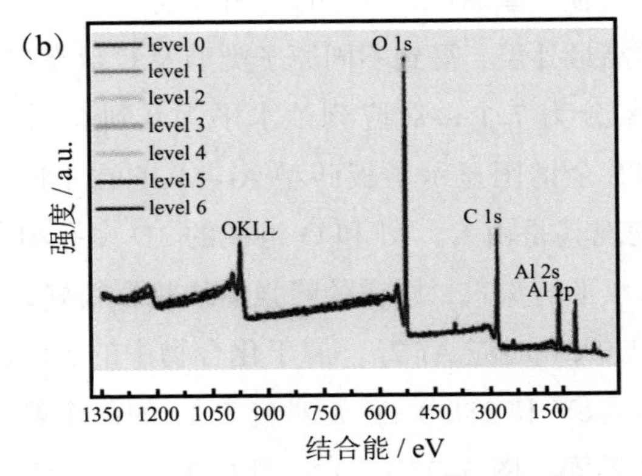

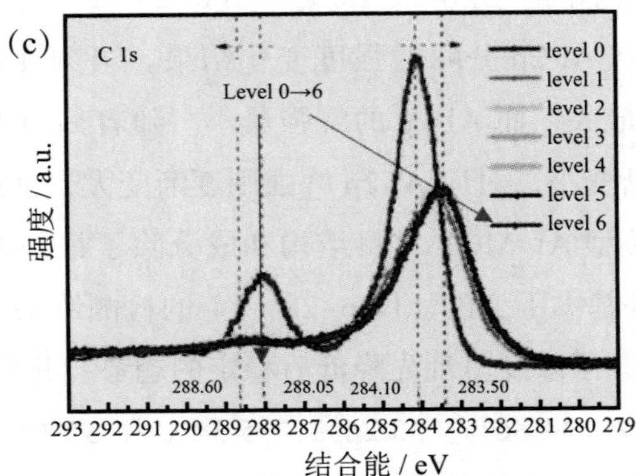

图6–28　（a，b）Al–MOF3最外纳米层在不同Ar离子刻蚀水平下的XPS图谱、XPS分谱图（c）C 1s、（d）O 1s、（e）Al 2p和（f）原子浓度分布

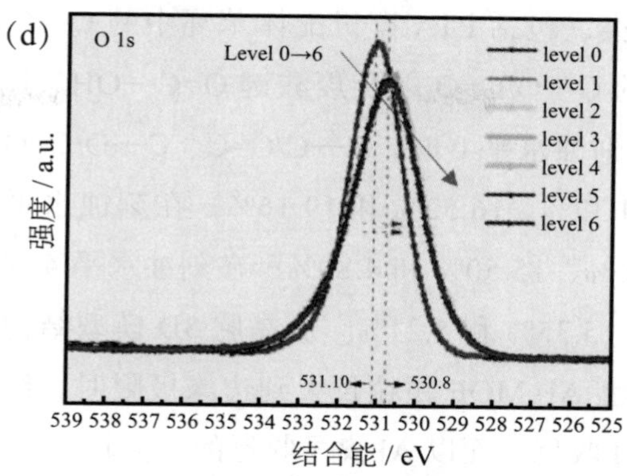

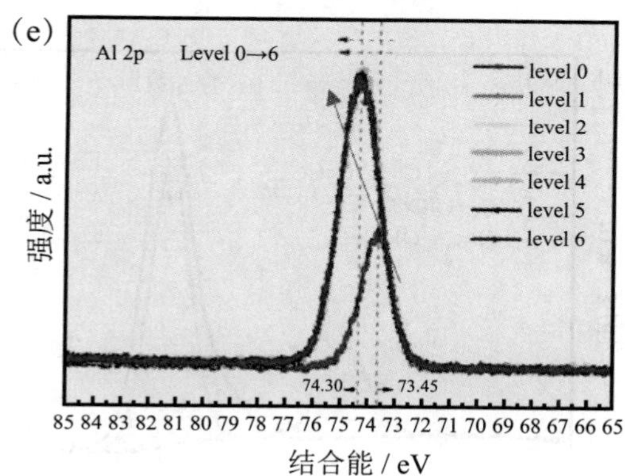

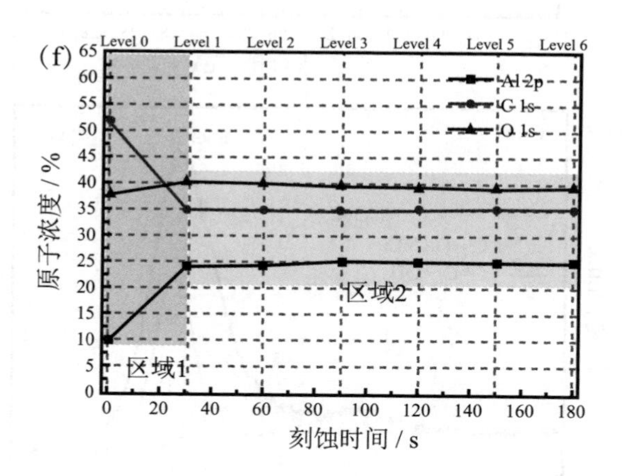

图 6-28 （a，b）Al-MOF3 最外纳米层在不同 Ar 离子刻蚀水平下的 XPS 图谱、XPS 分谱图（c）C 1s、（d）O 1s、（e）Al 2p 和（f）原子浓度分布（续）

图 6-29（a）~ 图 6-29（c）是刻蚀水平 0、2 和 4 的 C 1s 分峰拟合结果，显示了 C 的不同价态组成及占比变化情况。由图可知，不同价态

C 主要分为三大类，包括 PTA 有机配体苯环中的 C—C/C=C、苯环外面与金属 Al 链接的 C—O/C=O 以及羧酸键 O=C—OH。图 6–29（d）的定量分析表明：在刻蚀水平 0 时，C—C/C=C、C—O/C=O 和 O=C—OH 的百分比分别为 64.32%、16.52% 和 19.16%；在刻蚀水平 2 时，对应的百分比分别为 79.70%、15.50% 和 4.80%；在刻蚀水平 4 时，对应的百分比分别为 79.44%、15.35% 和 5.21%。从晶胞 3D 模型结构分析可知，在精确调控下的板砖型 Al–MOF 颗粒长大到边缘极限时，纳米尺度的边缘倾向于以 O=C—OH 收尾，而以 Al 离子收尾的比例较小。

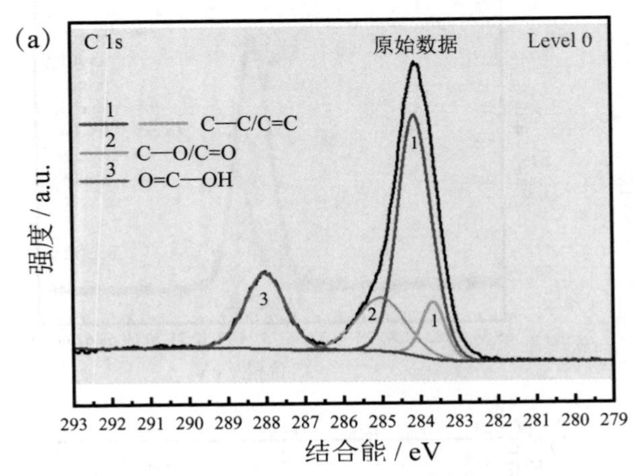

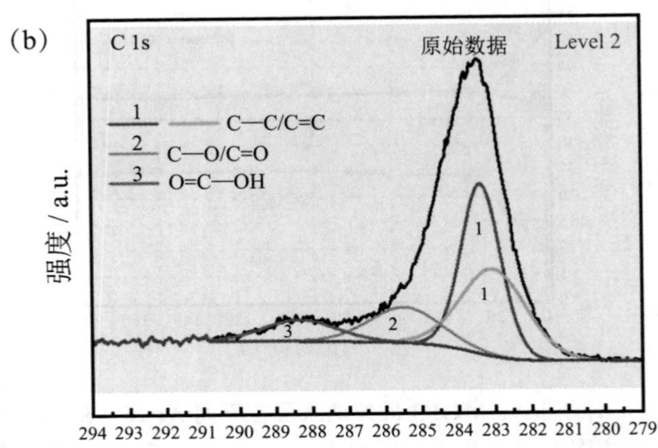

图 6–29　C 1s 的分峰图谱：（a）水平 0、（b）水平 2、（c）水平 4 和（d）C 价态组成和比例变化

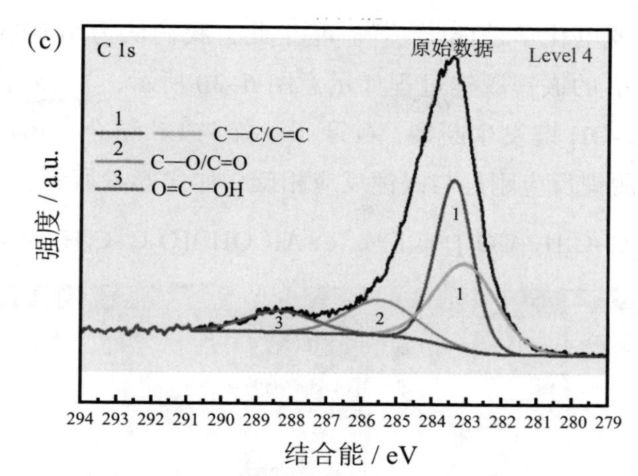

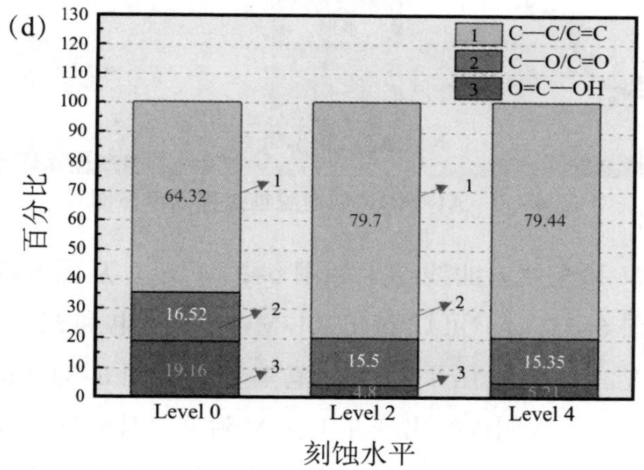

图 6-29 C 1s 的分峰图谱：（a）水平 0、（b）水平 2、（c）水平 4 和（d）C 价态组成和比例变化（续）

本研究中，活性材料、导电剂（Super-P）和粘结剂（PVDF）的质量比为 70：15：15，其混合均匀后的浆料涂覆在铜箔上，在 120 ℃下真空干燥 10 h，切割后获得极片，并组装成纽扣电池。使用的电解液为 1.0 M $LiPF_6$溶于 EC 和 DEC（体积比为 1：1）+10.0%FEC 溶液。

MOF 材料作为一类新兴的纳米多孔材料，3D 纳米孔道结构有利于 Li^+ 的快速迁移，而带有储存和转移电荷能力的官能团（如氨基、羧基、苯环等）的有机配体以及金属离子可作为电极反应的活性位点。一方面，该类 MOF 结构内部孔道可嵌入一定量的 Li^+ 而并不会导致框架结构的崩塌；另一方面，这些孔道中的活性位点可实现 Li^+ 快速的可逆传输和脱嵌，表现出优异的电化学性能[167-169]。基于此，我们认为用 PTA 有机配体合成的 Al-MOF 的嵌锂脱锂过程如示意图 6-30 所示，当 Li^+ 嵌入时，对称羧基的 O=C-OH 键发生断裂，O 原子一端与 Li^+ 结合，形成了嵌锂后的化合物，其脱锂反应刚好与嵌锂反应相反，如式 6-6 所示：

$$Al(OH)[O_2C-C_6H_4-CO_2]+xLi^++e^- \leftrightarrow Al(OH)[O_2C-C_6H_4-CO_2Li_x] \quad (6-6)$$

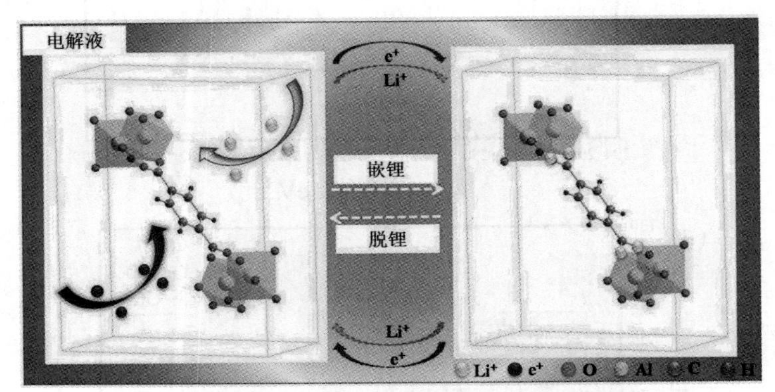

图 6-30　Al-MOF 嵌锂脱锂过程的示意图

样品的 CV 和充放电曲线结果如图 6-31（b）、图 6-31（d）和图 6-31（f）可以看出 Al-MOF 的放电和充电电压平台在 0.01 V ~ 1.20 V 内，且电压平台变化范围较大。图 6-31（a）Al-MOF1 的 CV 曲线显示，首次阴极峰出现在 1.70 V 附近，对应首次 SEI 膜形成，且在随后循环过程中消失。在 0.75 V 附近的阴极峰对应于 Li^+ 的嵌入反应，其峰位置在随后循环中一直向右偏移，直到 0.80 V 处于稳定。在阳极氧化过程中，宽的阳极峰在 1.07 V 附近出现，对应于可逆的脱出反应。图 6-31（c）Al-MOF2 的 CV 曲线显示，阴极峰首先出现在 1.31 V，在 0.66 V 的阴极峰对应于循环中 Li^+ 的嵌入，在随后的循环中一直向右偏移，直到 0.83 V，而阳极峰首先在 1.11 V 出现，在随后的循环中向左偏移到 1.01 V。图 6-31（e）Al-MOF3 的 CV 曲线显示，阴极峰首先出现在 1.45 V 附近，对应 SEI 膜的形成。在 0.71 V 附近的阴极峰是循环中 Li^+ 的嵌入反应，在随后的循环中峰位一直向右偏移，直到 0.83 V。宽的阳极峰首先在 1.02 V 附近出现，对应于可逆的脱出反应，峰位在随后的循环中没有发生偏移。可见，本研究合成的三种 Al-MOF 颗粒的嵌锂脱锂反应机制是基本一致的，而样品阳极峰和阴极峰位置的局部差异，是由其孔洞结构的稳定性决定的。

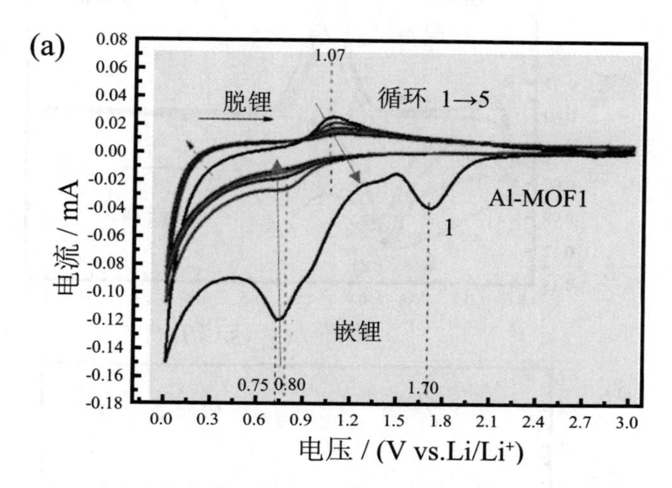

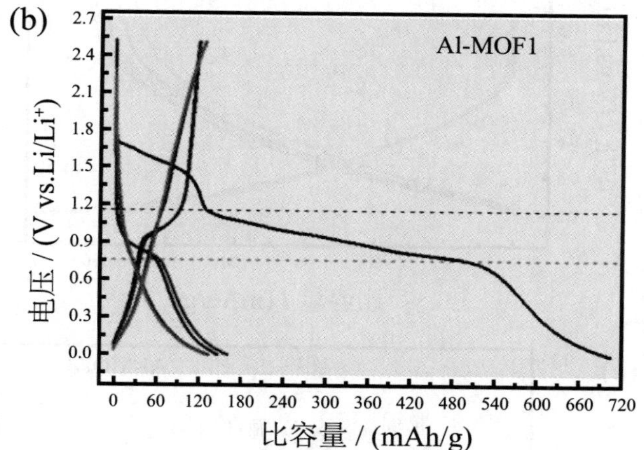

图 6-31 （a）Al-MOF1、（c）Al-MOF2 和（e）Al-MOF3 的 5 次 CV 曲线、（b）Al-MOF1、（d）Al-MOF2 和（f）Al-MOF3 的充放电曲线

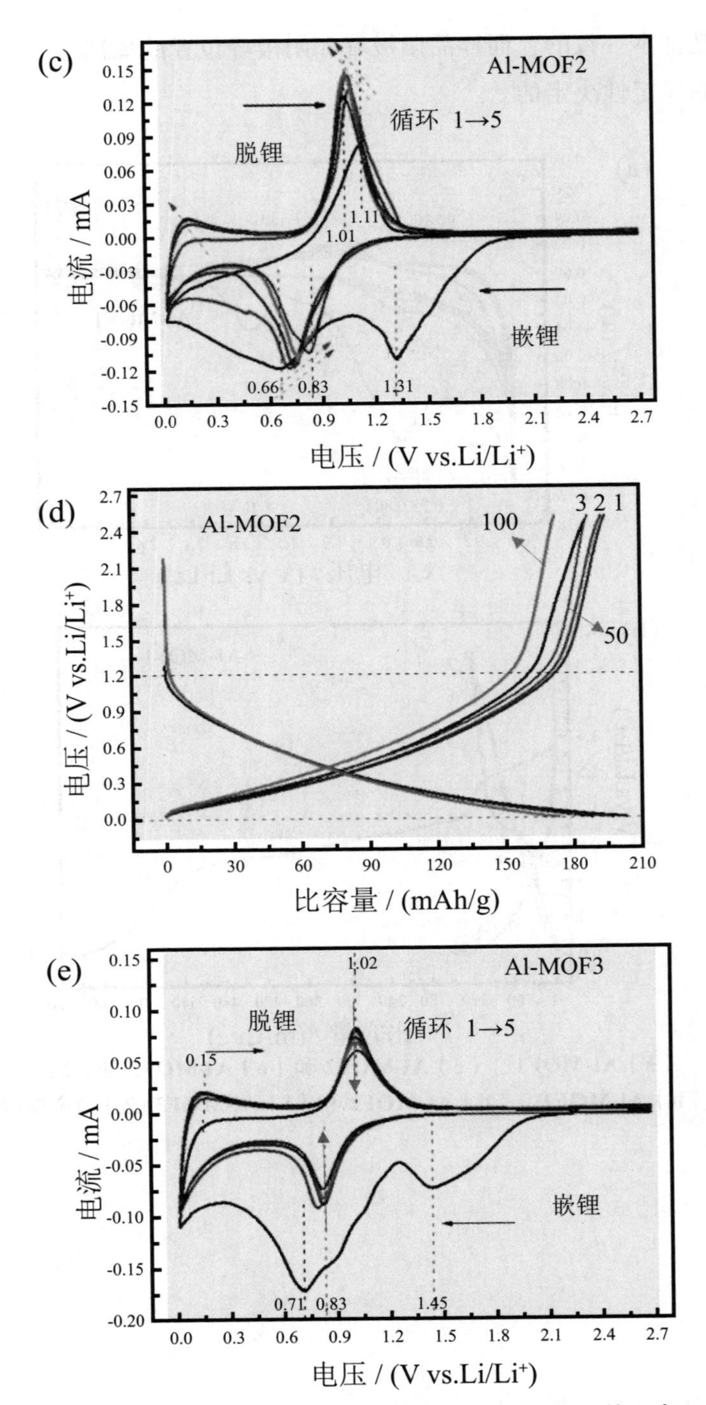

图 6-31 （a）Al-MOF1、（c）Al-MOF2 和（e）Al-MOF3 的 5 次 CV 曲线、（b）Al-MOF1、（d）Al-MOF2 和（f）Al-MOF3 的充放电曲线（续）

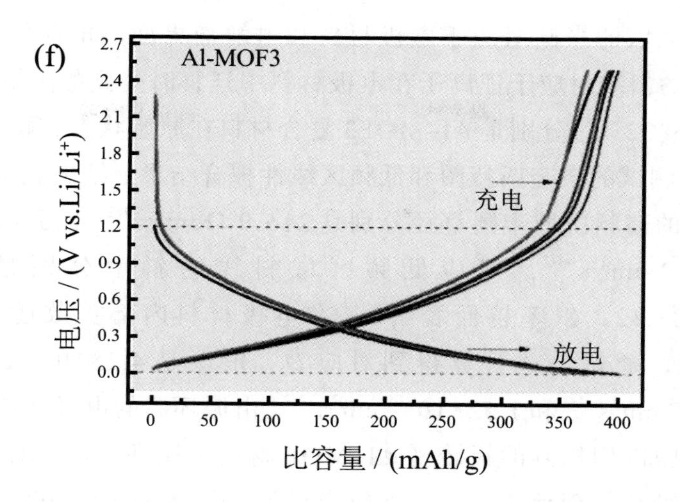

图 6–31 （a）Al–MOF1、（c）Al–MOF2 和（e）Al–MOF3 的 5 次 CV 曲线、（b）Al–MOF1、（d）Al–MOF2 和（f）Al–MOF3 的充放电曲线（续）

图 6–32 的电化学性能结果表明：在 0.1 A/g 下，Al–MOF1 的首次放电和充电比容量分别是 696.82 mAh/g 和 117.2 mAh/g，首次 CE 值是 16.82%；Al–MOF2 的首次放电和充电比容量分别是 202.2 mAh/g 和 186.1 mAh/g，首次 CE 值是 92.04%；Al–MOF3 的首次放电和充电比容量分别是 392.4 mAh/g 和 379.2 mAh/g，首次 CE 值是 96.64%。循环 100 次后，Al–MOF1 的放电和充电比容量分别是 131.12 mAh/g 和 125.8 mAh/g；对应 Al–MOF2 分别是 172.4 mAh/g 和 171.8 mAh/g；对应 Al–MOF3 分别是 372.3 mAh/g 和 370.8 mAh/g。Al–MOF1、Al–MOF2 和 Al–MOF3 的平均放电比容量衰减率依次为 0.812、0.147 和 0.051，对应的充电比容量衰减率依次为 –0.073、0.077 和 0.022。可见，板砖型 Al–MOF3 结构材料的循环稳定性是最好的。图 6–32（b）的倍率性能结果进一步表明，样品 Al–MOF1 在 0.1 A/g、0.2 A/g、0.5 A/g、1.0 A/g、2.0 A/g、3.0 A/g 和 0.1A/g 时，放电比容量分别是 561.7 mAh/g、116.2 mAh/g、93.5 mAh/g、72.1 mAh/g、54.2 mAh/g、36.4 mAh/g 和 134.9 mAh/g；对应 Al–MOF2 的放电比容量分别是 262.2 mAh/g、242.2 mAh/g、178.3 mAh/g、118.0 mAh/g、61.9 mAh/g、37.7 mAh/g 和 203.1 mAh/g；对应 Al–MOF3 的放电比容量分别是 353.2 mAh/g、382.4 mAh/g、315.5 mAh/g、245.7 mAh/g、180.7 mAh/g、138.6 mAh/g 和 366.2 mAh/g，显示了其在高倍率循环后优越的比容量恢复能力。

高频区域的半圆对应于电极材料和电解液界面的电荷转移阻抗，低频区域的斜线对应于锂离子在电极材料中迁移时受到的阻抗。图6-32（e）和图6-32（f）分别是Al-MOF3复合材料在原始状态、循环100次、70次倍率测试的奈奎斯特图和低频区线性拟合结果。结果表明，3种状态下对应的高频区域半圆直径分别是215.9 $\Omega\cdot cm^2\cdot s^{-1/2}$、426.3 $\Omega\cdot cm^2\cdot s^{-1/2}$和496.3 $\Omega\cdot cm^2\cdot s^{-1/2}$，对应低频区域斜线的斜率分别是59.54、23.15和31.32，斜率越低表明Li^+在电极材料内部扩散迁移的动力学越容易，通过公式计算得到对应D_{Li+}依次是4.2×10^{-15} $cm^2\cdot s^{-1/2}$、2.79×10^{-14} $cm^2\cdot s^{-1/2}$和1.52×10^{-14} $cm^2\cdot s^{-1/2}$。由循环后的电极SEM图6-33可知，该脱嵌型机制的板砖型Al-MOF材料在循环多次后存在自身分解成纳米颗粒的现象。可见，本研究设计的板砖型Al-MOF复合材料循环多次后电解液界面的电荷转移阻抗值会变大，对应的Li^+在电极材料内部的迁移速度提高，这归功于MOF提供的孔道结构。

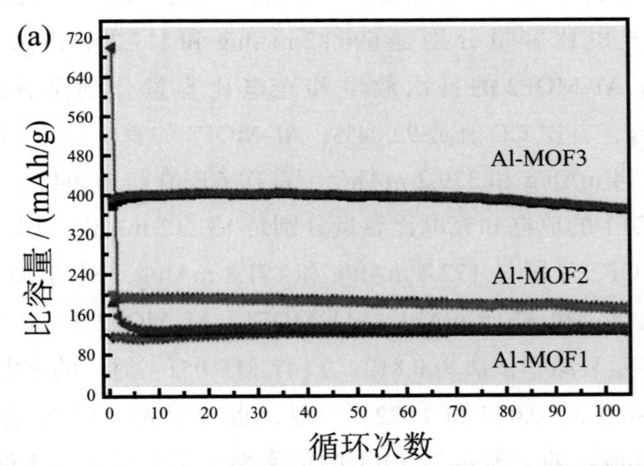

图6-32 Al-MOF1，Al-MOF2和Al-MOF3的（a）循环性能、（b）倍率性能、（c）CE和（d）比容量衰减率、Al-MOF3在原始状态、循环100次、70次倍率测试后的（e）奈奎斯特图和（f）低频区的线性拟合

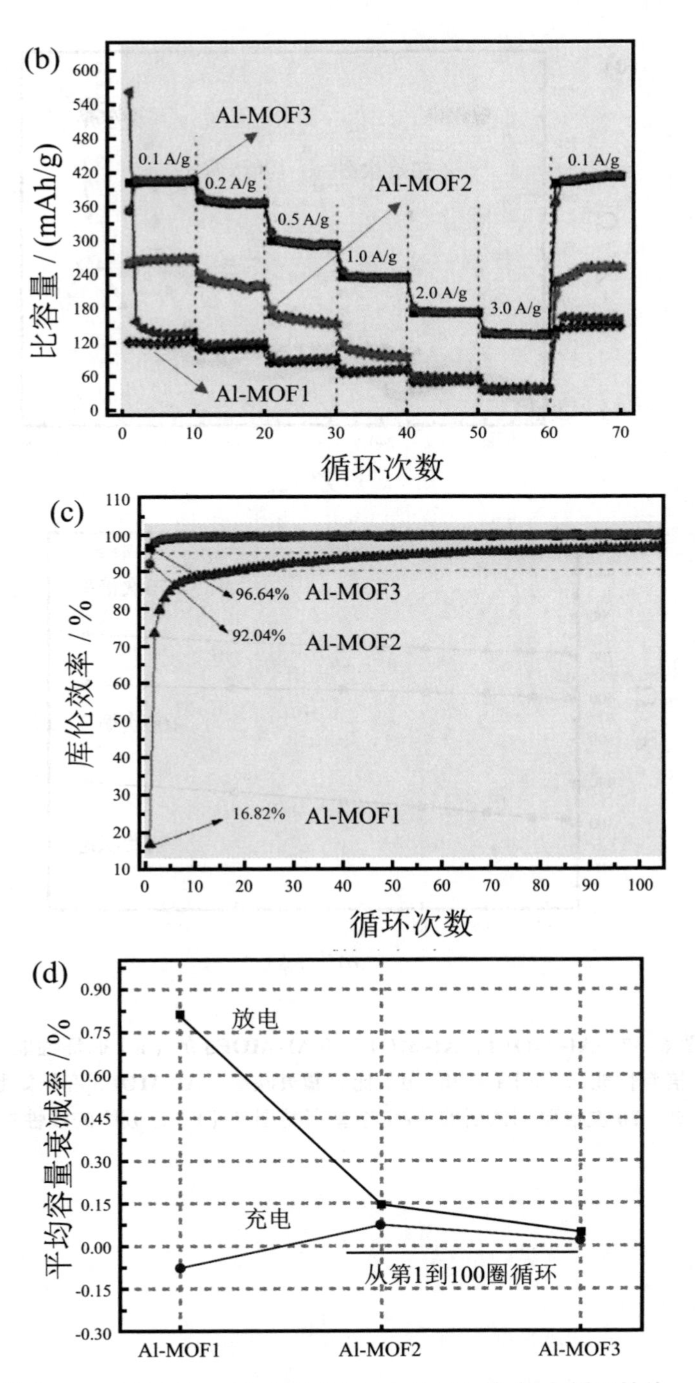

图 6-32　Al-MOF1，Al-MOF2 和 Al-MOF3 的（a）循环性能、（b）倍率性能、（c）CE 和（d）比容量衰减率、Al-MOF3 在原始状态、循环 100 次、70 次倍率测试后的（e）奈奎斯特图和（f）低频区的线性拟合（续）

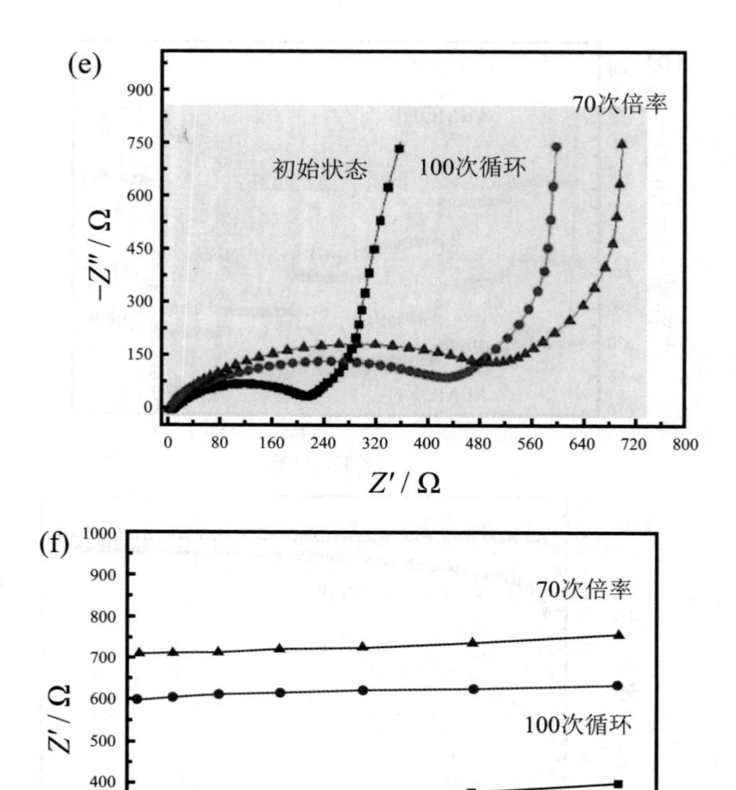

图 6-32 Al-MOF1，Al-MOF2 和 Al-MOF3 的（a）循环性能、（b）倍率性能、（c）CE 和（d）比容量衰减率、Al-MOF3 在原始状态、循环 100 次、70 次倍率测试后的（e）奈奎斯特图和（f）低频区的线性拟合（续）

图 6-33　Al-MOF3 电极片 SEM 图（a ~ d）原始状态、（e ~ h）循环 100 次后和（i ~ l）70 次倍率后

6.4　本章小结

本章系统研究了珊瑚状 Porous Si@SiO$_x$ 复合材料的孔隙率、导电位点 Al 和 SiO$_x$ 层的关联作用对电化学性能的影响规律，阐明了 SiO$_x$ 层中 Si 价态的组成和占比对电化学特性的影响机理。本章针对 Al-Si 去合金化后形成的 $AlCl_3$ 溶液的再生利用问题，系统研究了自组装反应过程中反应体系、反应温度、反应时间和活性剂 PVP 等因素对 Al-MOF 颗粒尺寸和形状的影响规律，尝试用于锂离子电池负极材料中，实现了 $AlCl_3$ 溶液的再生利用，并得出了以下几点结论：

（1）正交实验研究发现，粒径为 6 μm 的珊瑚状 Porous Si@SiO$_x$ 复合材料中的残余 Al 含量越低，对应的 Si 和 O 含量越高，且对应的孔隙率值就越高。共晶组织中的 Al 被过度浸出后，会导致 3D 珊瑚状多孔结构中的共晶 Si 棒崩塌。最优多孔结构中 Si、Al 和 O 的浓度分别为 83.39 wt.%、5.73 wt.% 和 10.64 wt.%，元素分布均匀，内部形成了错综交错的 3D 纳米网络结构，孔隙率达到 82.04%，介于 75.0% ~ 85.0%，理论上可以有效缓冲 Si 循环过程中 300% 左右的体积膨胀，获得循环稳定的电极材料。在 0.1 A/g、0.2 A/g、0.5 A/g、1.0 A/g、2.0 A/g、3.0 A/g 和 0.1 A/g 时，珊瑚状多孔结构的放电比容量分别为 2914.3 mAh/g、2216.0 mAh/g、1761.9 mAh/g、1268.2 mAh/g、933.0 mAh/g、558.2 mAh/g 和 1652.1 mAh/g。在 1.0 A/g 下的首次放电和充电比容量分别为 3058.7 mAh/g 和 2364.4 mAh/g，首次 CE 为 77.30%，循环 100 次后分别为 1367.9 mAh/g 和 1340.8 mAh/g，对应 CE 为 98.02%，且循环 300 次后分别达到 903.2 mAh/g 和 899.7 mAh/g，对应 CE 达到 99.61%。

（2）珊瑚状 Porous Si@SiO_x 结构表面的 10 nm SiO_x/Si 层中 Si 价态组成和占比是递进变化的。刻蚀水平 0 对应的 Si^{4+}/Si^0、Si^{3+} 和 Si^{4+} 百分比最大，这些 Si 价态虽然具有一定的嵌锂容量，但循环后形成 Li_2O 及锂硅酸盐，主要发挥缓冲体积膨胀的作用，本身的嵌锂能力很弱。由表及里，Si^0 的占比从 15.37% 增加到 74.61%，对应纳米包覆层中的嵌锂能力逐步提升，导致循环几圈后出现比容量回升的现象。

（3）通过系统优化研究，发现在 PVP 修饰的 150 ℃ 下反应 9 h 可制备出尺寸均匀、形貌规则的板砖型 Al–MOF 颗粒。在 pH=4 ~ 5 的酸性条件下，金属 Al 与有机配体中的 O 形成了 AlO6 八面体结构，八面体 AlO6 簇通过对 PTA 配体连接，形成了具有菱形孔道的三维结构，其平均粒径为 878.6 nm，平均孔径为 2.5 nm。晶胞 3D 模型结构分析表明，板砖型 Al–MOF3 在长大到极限尺寸时，边缘效应倾向以 O=C—OH 收尾，而以 Al 离子收尾的比例较小。

（4）将制备出的板砖型 Al–MOF 颗粒应用于锂离子电池负极材料中，发现 Al–MOF3 的首次放电和充电比容量分别是 392.4 mAh/g 和 379.2 mAh/g，首次 CE 值是 96.64%。循环 100 次后对应的比容量分别是 372.3 mAh/g 和 370.8 mAh/g。在 0.1 A/g、0.2 A/g、0.5 A/g、1.0 A/g、2.0 A/g、3.0 A/g 和 0.1A/g 时，Al–MOF3 的放电比容量分别达到 353.2 mAh/g、382.4 mAh/g、315.5 mAh/g、245.7 mAh/g、180.7 mAh/g、138.6 mAh/g 和 366.2 mAh/g，显示了其在高倍率循环后仍具有优越的比容量恢复能力，最终实现了去合金化后形成的副产物 $AlCl_3$ 溶液的再生利用。

7 结论与展望

7.1 结论

Si 具有最高的理论嵌锂比容量，低的电压平台，丰富的资源存储等优势，是下一代高比能量锂离子电池负极材料中最有潜力的选择之一。本研究针对嵌锂脱锂过程中 Si 的导电性差和体积膨胀大等问题，系统地研究了分散型、包覆型的 Si 基复合材料及多孔结构优化设计对电化学性能的影响规律。本研究主要得出了以下几点结论：

（1）采用光伏产业中金刚线切割微 Si 粉为原料，通过 HF、$NH_3 \cdot H_2O/H_2O_2/H_2O$ 和 $HCl/H_2O_2/H_2O$ 溶液体系的 3 步表面改性预处理，有效去除 Si 颗粒表面的 SiO_2 层、附着的微量金属杂质和有机物沾污层 PEG 等，对应总金属和有机杂质的去除率分别达到 67.4% 和 43.7%，建立了每步预处理的改性模型及去除机理。通过预处理、液相混合和高温热解法，制备出不同质量比的分散型 Si/C 复合材料，发现 PSi/PA–C（1∶6）复合材料的循环性能更好，其在 0.1 A/g 下循环 100 次后，放电和充电比容量分别达到 463.1 mAh/g 和 458.5 mAh/g，显示了良好的循环稳定性，这归功于无定形 PA–C 均匀覆盖住 Si 颗粒，宏观上缓解了 Li^+ 嵌入脱出过程中的体积膨胀效应，同时又能提供相对均匀的导电网络。

（2）提出了 HF 腐蚀（10 wt.%，60 min）和高温裂解（400 ℃，3 h，Ar）的新思路进行 Si 颗粒表面的改性预处理，对应的总金属和有机杂质去除率分别达到 66.76% 和 70.42%，获得了纯度约为 4.5 N 的微 Si 粉。切割 Si 粉与 HF 反应 15 min、30 min、45 min 和 60 min 后的总金属杂质浓度分别约为 70.85×10^{-6}、46.08×10^{-6}、41.33×10^{-6} 和 33.36×10^{-6}，对应的去除效率分别达到 29.40 %、54.09 %、58.82 % 和 66.76 %。均质控制模

型的不同反应阶数 m 的计算表明，m 为 2 时的线性拟合 R^2 值为 0.992，大于 0.990，表明该浸出反应是受均质模型中的二级反应控制。电化学性能表明：在 0.1 A/g 下，预处理样品 Si0、Si1 和 Si2 的首次放电和充电比容量分别是 2195.5 mAh/g/653.6 mAh/g、2367.9 mAh/g/778.0 mAh/g 和 2645.7 mAh/g/1834.8 mAh/g，首次 CE 值分别是 29.77%、32.86% 和 69.35%。循环 100 次后，对应样品的放电和充电比容量分别是 0.9 mAh/g/0.7 mAh/g、33.4 mAh/g/33.2 mAh/g 和 230.0 mAh/g/229.2 mAh/g，对应 CE 值分别是 77.78%、99.40% 和 99.65%。可见，经表面改性预处理后，Li^+ 迁移到 Si 颗粒界面时受到的阻碍作用减弱，降低了界面处不可逆副反应造成的 Li^+ 消耗，使得预处理后 Si 材料的循环稳定性大幅度提升。

（3）采用 $NaNO_2$ 为催化剂，利用其在酸性条件下歧化反应和分解反应产生的 NO_2 气泡来打破 Si 反应界面的腐蚀平衡，从而创造打孔条件。通过热力学机理分析和工艺优化，发现 $HF/HNO_3/NaNO_2/H_2O$ 溶液体系为 16：4：1：80，反应 120 min 时，可得到多孔结构 Porous Si@SiO_2，比表面积约为 72.9 m^2/g。通过表面 PVP 吸附和高温碳化处理，得到包覆型 Porous Si@SiO_2@C 复合材料。电化学性能表明：在 0.1 A/g 下，Porous Si@SiO_2@C 的首次放电和充电比容量为 2579.8 mAh/g 和 2184.1 mAh/g，首次 CE 高达 84.66%，循环 100 次后对应的比容量分别为 1051.4 mAh/g 和 1038.2 mAh/g，表现出优越的循环性能。纳米孔洞结构为 Li^+ 的快速嵌入和脱出提供传输通道，也为 Si 的体积膨胀提供了缓冲空间。包覆的 SiO_2 层不仅可以避免 Si 与电解质的直接接触，还可作为过渡层增强 Si 和 C 之间的界面结合力，而包覆的 C 层则可以提高复合材料的导电性。本研究第 3 章和第 4 章的研究内容，为 Si 基负极材料的低沉本产业化制备提供了技术支撑，同时又有望解决光伏行业 Si 废料的污染问题。

（4）以价格低廉的 Al–Si 合金粉为原料，通过去合金、预氧化和高温碳化的简易工艺，制备出双壳层约束的珊瑚状 Porous Si@SiO_2@C 复合结构（～21 μm），其中 SiO_2@C 的双壳厚度约为 44～72 nm，非晶相 SiO_2 的厚度约为 4 nm。电化学性能结果表明：Porous Si@SiO_2@C 的首次放电和充电比容量分别是 1814.1 mAh/g 和 984.1mAh/g，经过 100 次循环后，放电和充电的比容量分别是 933.2 mAh/g 和 929.2 mAh/g，对应 CE 值为 99.56%。D_{Li+} 为 4.20×10^{-12} $cm^2\cdot s^{-1/2}$，表明双壳层约束的多孔 Si

基复合材料具有更低的电化学反应阻抗和较易的 Li^+ 扩散动力。珊瑚状孔洞结构为 Li^+ 的快速嵌入和脱出提供传输通道，其中微米级初晶 Si 起支撑多孔结构骨架稳定的屋梁作用，而共晶组织中被 HCl 刻蚀后得到的共晶纳米 Si 孔道则起缓冲 Si 体积膨胀的空间作用。

（5）以 Al–Si 合金粉为原料，通过多孔结构理论优化计算，提出了 75.0% ~ 85.0% 的最优孔隙率，并设计制备出珊瑚状 Porous Si@SiO_x 复合材料（ ~ 6 μm），揭示了珊瑚状多孔 Si 结构中孔隙率、导电位点和 SiO_x 层关联作用对电化学特性的影响规律。复合材料中 Al 余量的浓度越低，对应 Si 和 O 的浓度越高，孔隙率值也就越高。当共晶组织中的 Al 被过度浸出后，会导致珊瑚状多孔结构中的共晶 Si 棒崩塌。最优多孔结构中的 Si、Al 和 O 浓度分别达到 83.39 wt.%、5.73 wt.% 和 10.64 wt.%，其结构内部形成了 3D 纳米多孔网络结构，浸出反应彻底，孔隙率约为 82.04%。揭示了 10 nm SiO_x 层中 Si 价态的组成和占比对电化学特性的影响机理，发现在刻蚀水平为 0 时，Si^{4+}/Si^0、Si^{3+}、Si^{4+} 占比最大，高价态的 Si 本身嵌锂能力很弱，循环后主要形成 Li_2O 及锂硅酸盐，起缓冲体积膨胀的作用。由表及里，Si^0 占比则从 15.37% 增加到 74.61%，对应的嵌锂能力逐步得到提升。在 1.0 A/g 下的首次充电和放电比容量分别为 3058.7 mAh/g 和 2364.4 mAh/g，首次 CE 为 77.30%，循环 100 次后分别为 1367.9 mAh/g 和 1340.8 mAh/g，对应 CE 为 98.02%，且循环 300 次后分别达到 903.2 mAh/g 和 899.7 mAh/g，对应 CE 达到 99.61%。

（6）针对 Al–Si 去合金化后 $AlCl_3$ 溶液的再生利用问题，系统研究了自组装反应过程中反应体系、反应温度、反应时间和活性剂 PVP 添加等因素对 MOF 材料结构、形貌及电化学性能的影响规律。在 150 ℃、9 h、PVP 修饰的水热条件下，制备出粒径为 878.6 nm，孔径为 2.5 nm 的板砖型 Al–MOF 颗粒，实现了形貌和尺寸的精确调控。晶胞 3D 模型的结构揭示了板砖型 Al–MOF 倾向以 O=C—OH 收尾，而以 Al 离子收尾的比例较少的边缘效应。在 pH=4 ~ 5 的酸性条件下，Al 离子与有机配体中的 O 形成了 AlO6 八面体结构，八面体 AlO6 簇通过对苯二甲酸配体连接，形成了具有菱形孔道的三维结构，便于 Li^+ 的快速传输和脱嵌反应。在 0.1 A/g 下，板砖型 Al–MOF 的首次放电和充电比容量分别为 392.4 mAh/g 和 379.2 mAh/g，首次 CE 值为 96.64%，循环 100 次后，对应的比容量分别为 372.3 mAh/g 和 370.8 mAh/g，具有优越的循环稳定性，最终实现了 $AlCl_3$ 溶液的再生利用。

7.2 创新点

本研究主要有以下几个创新点：

（1）通过去合金化反应制备出由亚微米初晶 Si 和纳米共晶 Si 棒组成的珊瑚状多孔结构，得到了 75.0% ~ 85.0% 的最优孔隙率区间，揭示了珊瑚状多孔 Si 结构中孔隙率、导电位点和 SiO_x 层关联作用对电化学特性的影响规律，在 1.0 A/g 下循环 300 次后的放电比容量达到 903.2 mAh/g，表现出优越的循环性能。

（2）针对 Al–Si 去合金化后形成的 $AlCl_3$ 溶液的再生利用问题，利用水热自组装方法制备出板砖型 Al–MOF 颗粒，并基于 PVP 修饰实现颗粒尺寸和形状的控制，将其用于锂离子电池负极材料，实现了 $AlCl_3$ 溶液的再生利用。

（3）针对金刚线切割微 Si 粉杂质含量高的问题，通过表面改性预处理实现微 Si 粉的纯化，揭示了金刚线切割 Si 颗粒表面 SiO_2 层、微量金属杂质和 PEG 沾污层的去除机制及对电化学特性的影响规律，设计并制备出包覆型多孔 Si–C 复合结构，在 0.1 A/g 下循环 100 次后的放电比容量达到 1051.4 mAh/g。

7.3 展望

目前，相比于商用的石墨负极材料（372 mAh/g），Si 材料具有理论嵌锂比容量高（4200 mAh/g，对应 $Li_{22}Si_5$ 合金相）、电压平台低和地球资源丰富等优势，是下一代高比容量电池负极材料最有潜力的选择。根据本研究的研究内容，笔者认为后续可以在以下几个方面可尝试进行深入研究探讨：

（1）在珊瑚状多孔 Si 结构表面，实现 Al–MOF 颗粒的原位生长，并通过功能化改性、修饰和高温煅烧等处理，得到新型多孔 Si–C 复合材料，优化复合结构设计，实现循环稳定性的进一步提升。

（2）对 Al–MOF 生长与转化的稳定性机制进行深入研究，开发多种形态的 Al–MOF 结构，并对能源储能、吸附、污水处理等领域做推广应用研究。

（3）在 Si 材料中以熔炼形式掺杂 B 或者 P 元素，通过调控 Si 基材料的空穴或者电子量，有效改善 Si 材料的本质导电性。通过在 Si 中引入固溶度高的金属元素，从晶格畸变角度，通过调控金属原子去除量，引入晶格缺陷为 Si 原子的体积膨胀提供缓冲空间。

参考文献

[1] Goodenough J., Kim Y. Challenges for rechargeable Li Batteries[J]. Chemistry of Materials, 2015, 22（3）: 587-603.

[2] Goodenough J., Park K. The Li-ion rechargeable battery: a perspective[J].Journal of the American Chemical Society, 2013, 135（4）: 1167.

[3] Scrosati B., Hassoun J., Sun Y. Lithium-ion batteries. A look into the future[J].Energy & Environmental science, 2011, 4（9）: 3287-3295.

[4] Armand M., Tarascon J. Building better batteries[J].Nature, 2008, 451（7179）: 652-657.

[5] Su X., Wu Q., Li J., et al. Silicon-based nano-materials for lithium-ion batteries: A Review[J].Advanced Energy Materials, 2014, 4（1）: 1300882.

[6] Feng K., Li M., Liu W., et al. Silicon-based anodes for lithium-ion batteries: From fundamentals to practical applications[J].Small, 2018, 14（8）: 1702737.

[7] Whittingham M. Lithium batteries and cathode materials[J]. Cheminform, 2004, 104（10）: 4271.

[8] Murphy D., Broadhead J., Steele B. Materials for advanced batteries[M].New York: Plenum Press, 1980.

[9] Goodenough J., Mizuchima K. Electrochemical cell with new fast ion conductors: U.S. Patent: 4302518[P].1981-11-24.

[10] Fong R., Vonsacken U., Dahn J. Studies of lithium intercalation into carbons using non aqueouselectrochemical cells[J].Journal of The Electrochemical Society, 1990, 137（7）: 2009-2013.

[11] Choi J.，Aurbach D. Promise and reality of post-lithium-ion batteries with high energy densities[J].Nature Reviews Materials，2016，1（4）：16013.

[12] Du C.，Liang Q.，Luo Y.，et al. Recent advances in printable secondary batteries[J].Journal of Materials Chemistry A，2017，5（43）：22442-22458.

[13] Yang Z.，Zhang J.，Kintner M.，et al. Electrochemical energy storage for green grid[J].Chemical Reviews，2011，111（5）：3577.

[14] Abraham，K. Prospects and limits of energy storage in batteries[J].Journal of Physical Chemistry Letters，2015，6（5）：830-844.

[15] Whittingham M. Ultimate limits to intercalation reactions for lithium batteries[J].Chemical Reviews，2014，114（23）：11414-11443.

[16] Dahn J.，Zheng T.，Liu Y.，et al. Mechanisms for lithium insertion in carbonaceous materials[J].Science，1995，270（5236）：590-593.

[17] Dahn J. Phase diagram of LixC_6[J].Physical review B condensed Matter，1991，44（17）：9170.

[18] Bruce P.，Freunberger S.，Hardwick L.，et al. Li-O_2 and Li-S batteries with high energy storage[J].Nature Materials，2012，11（1）：19-29.

[19] Endo M.，Kim C.，Nishimura K.，et al. Recent development of carbon materials for Li ion batteries[J].Carbon，2000，38（2）：183-197.

[20] Yu Z.，Wang L.，Jiang L. Design and synthesis of N-doped graphene sheets loaded with $Li_4Ti_5O_{12}$ nanocrystals as advanced anode material for Li-ion batteries[J].Ceramics International，2016，42：16031-16039.

[21] 吴宇平，袁翔云，董超，等 . 锂离子电池应用与实践 [M]. 北京：化学工业出版社，2008.

[22] 谭毅，薛冰．锂离子电池负极材料钛酸锂的研究进展 [J]. 无机材料学报，2018，33（5）：475–482.

[23] Zhu Z., Cheng F., Chen J., et al. Investigation of effects of carbon coating on the electrochemical performance of $Li_4Ti_5O_{12}$/C nanocomposites[J].Journal of Materials Chemistry A，2013，1：9484–9490.

[24] Guo X., Xiang H., Zhou T., et al. Morphologies and structures of carbon coated on $Li_4Ti_5O_{12}$ and theireffects on lithium storage performance[J].Electrochimica Acta，2014，130：470–476.

[25] Xu W., Wang J., DingF., et al. Lithium metal anodes for rechargeable batteries[J].Energy & Environmental Science，2014，7（2）：513–537.

[26] Wu H., Chen J., Hang H., et al. Nano–structured metal oxide–based materials as advanced anodes for lithium–ion batteries[J].Nanoscale，2012，4（8）：2526–2542.

[27] Stassen I., Hambitzer G. Metallic lithium batteries for high power applications[J].Journal of Power Sources，2002，105（2）：145–150.

[28] Obrovac M., Krause L. Reversible cycling of crystalline silicon powder[J].Journal of The Electrochemical Society，2007，154（2）：A103–A108.

[29] LinD., Liu Y., CuiY. Reviving the lithium metal anode for high–energy batteries[J].Nature Nanotechnology，2017，12（3）：194–206.

[30] Xu K. Nonaqueous liquid electrolytes for lithium–based rechargeable batteries[J].Chemical Review，2004，104（10）：4303–4417.

[31] Besenhard J., Yang J., Winter M. Will advanced lithium–alloy anodes have a chance in lithium–ion batteries?[J].Journal of Power Sources，1997，68（1）：87–90.

[32] Zhang W. A review of the electrochemical performance of alloy

anodes for lithium-ion batteries[J].Journal of Power Sources，2011，196（1）：13-24.

[33] Obrovac M.，Christensen L.Structural changes in silicon anodes during lithium insertion/extraction[J].Electrochemical and Solid-State Letters，2003，7（5）：93.

[34] Obrovac M.，Chevrier V. Alloy negative electrodes for Li-ion batteries[J].Chemical Reviews，2014，114（23）：11444-11502.

[35] Chen X.，Li C.，Grätzel M.，et al. Nanomaterials for renewable energy production and storage[J].Chemical Society Reviews，2012，41（23）：7909-7937.

[36] Lee K.，Cho J. Roles of nanosize in lithium reactive nanomaterials for lithium ion batteries[J].Nano Today，2013，6（1）：28-41.

[37] Xu Y.，Liu Q.，Zhu Y.，et al. Uniform nano-Sn/C composite anodes for lithium ion batteries[J].Nano Letters，2013，13（2）：470-474.

[38] Hatchard T.，Dahn J. In situ XRD and electrochemical study of the reaction of lithium with amorphous silicon[J].Journal of The Electrochemical Society，2004，151（6）：A838-A842.

[39] Liu X.，Zhong L.，Huang S.，et al.Size-dependent fracture of silicon nanoparticles during lithiation[J].ACS Nano，2012，6（2）：1522-1531.

[40] Morachevskii A.，Demidov A. Chem inform abstract：Lithium-silicon alloys：phase diagram，electrochemical studies，thermodynamic properties，application in chemical power cells[J].Russian Journal of Applied Chemistry，2015，88（4）：547-566.

[41] Zhang S.，He M.，Su C.，et al. Advanced electrolyte/additive for lithium-ion batteries with silicon anode[J].Current Opinion in Chemical Engineering，2016，13（SI）：24-35.

[42] Huang S.，Fan F.，Li J.，et al. Stress generation during lithiation of high-capacity electrode particles in lithium ion batteries[J].Acta Mater.，

2013，61（12）：4354–4364.

[43] Li J.，Dahn J. An in situ X–ray diffraction study of the reaction of Li with crystalline Si[J].J. Electrochem. Soc.，2007，154（3）：A156–A161.

[44] Wang F.，Wu L.，Key B.，et al. Electrochemical reaction of lithium with nanostructure silicon anodes：a study by in–situ synchrotron X–ray diffraction and electron energy–loss spectroscopy[J].Advanced Energy Material，2013，3（10）：1324–1331.

[45] Obrovac M.，Krause L. Reversible cycling of crystalline silicon powder[J].Journal of The Electrochemical Society，2007，154（2）：A103–A108.

[46] Obrovac M.，Christensen L. Structural Changes in silicon anodes during lithium insertion/extraction[J].Electrochemical and Solid–State Letters，2003，7（5）：96.

[47] Ding N.，Xu J.，Yao Y.，et al. Improvement of cyclability of Si as anode for Li–ion batteries[J].Journal of Power Sources，2009，192（2）：644–651.

[48] Sethuraman V.，Chon M.，Shimshak M，et al. In situ，measurements of stress evolution in silicon thin films during electrochemical lithiation and delithiation[J].Journal of Power Sources，2012，195（15）：5062–5066.

[49] Nadimpalli S.，Sethuraman V.，Bucci G.，et al. On plastic deformation and fracture in Si films during electrochemical lithiation/delithiation cycling[J].Journal of The Electrochemical Society，2013，160（10）：A1885–A1893.

[50] Ghassemi H.，Ming A.，Chen N.，et al. In situ electrochemical lithiation/delithiation observation of individual amorphous Si nanorods[J].Acs Nano，2011，5（10）：7805–7811.

[51] Liang B.，Liu Y.，XU Y. Silicon–based materials as high capacity anodes for next generation lithium ion batteries[J].Journal of Power

Sources，2014，267（267）：469–490.

[52] 谭毅，王凯 . 高比能量锂离子电池硅基负极材料研究进展 [J]. 无机材料学报，2019，34（04）：349–357.

[53] Du F.，Wang K.，Chen J. Strategies to succeed in improving the lithium–ion storage properties of silicon nanomaterials[J].Journal of Materials Chemistry A，2015，4（1）：32–50.

[54] Yoshio M.，Wang H.，Fukuda K.，et al. Si as a lithium–ion battery anode material[J].Journal of the Electrochemical Society，2002，149（12）：A1598–A1603.

[55] Liu W.，Guo Z.，Young W.，et al. Effect of electrode structure on performance of Si anode in Li–ion batteries：Si particle size and conductive additive[J].Journal of Power Sources，2005，140（1）：139–144.

[56] Li H.，Huang X.，Chen L.，et al. A high capacity nano–Si composite anode material for lithium rechargeable batteries[J]. Electrochemical and Solid–State Letters，1999，2（11）：547–549.

[57] Liu X.，Zhong L.，Huang S.，et al. Size–dependent fracture of silicon nanoparticles during lithiation[J].ACS Nano，2012，6（2）：1522–1531.

[58] Kim H.，Seo M.，Park M.，et al. A critical size of silicon nano–anodes for lithium rechargeable batteries[J].Angewandte Chemie International Edition，2010，49（12）：2146–2149.

[59] Agyeman D.，Song K.，Lee G.，et al. Carbon–coated Si nanoparticles anchored between reduced graphene oxides as an extremely reversible anode material for high energy–density Li–ion battery[J]. Advanced Energy Materials，2016，6（20）：1600904.

[60] Heath，J.，A liquid–solution–phase synthesis of crystalline silicon[J].Science，1992，258：1131–1133.

[61]Kwon Y.，Park G.，Cho J. Synthesisand electrochemical properties of lithium–electroactive surface–stabilized silicon quantum

dots[J].Electrochimica Acta，2007，52（14）：4663–4668.

[62] Magasinski. A.，Dixon P.，Hertzberg B.，et al. High–performance lithium–ion anodes using a hierarchical bottom–up approach[J]. Nature Material，2010，9：353–358.

[63] Lin N.，Han Y.，Zhou J.，et al. A low temperature molten salt process for aluminothermic reduction of silicon oxides to crystalline Si for Li–ion batteries[J].Energy Environmental Science，2015，8：3187–3191.

[64] Kang H.，Lee S.，Cho W.，et al. Effect of multi–layer structure on cyclic performance of Si/Fe anode electrode in Lithium–ion secondary batteries[J].Physical Chemistry Chemical Physics，2013，15：1569–1577.

[65]Nohira T.，Yasuda K.，Ito Y.，Pinpoint and bulk electrochemical reduction of insulating silicon dioxide to silicon[J].Nature Material，2003，2：397–401.

[66] Dong，Y.，Slade T.，Stolt M.，et al. Low temperature molten salt production of silicon nanowires by electrochemical reduction of CaSiO[J].Angewandte Chemie International Edition，2017，56：14453–14457.

[67] Yasuda K.，Nohira T.，Amezawa K.，et al. Mechanism of direct electrolytic reduction of solid SiO_2 to Si in molten $CaCl_2$[J].Journal of the Electrochemical Society，2005，152：D69–D74.

[68] Kim H.，Seo M.，Park M.，et al. A critical size of silicon nano–anodes for lithium rechargeable batteries[J].Angewandte Chemie–International Edition，2010，49：2146–2149.

[69] Bao Z.，Weatherspoon M.，Shian S.，et al. Chemical reduction of three–dimensional silica micro–assemblies into microporous silicon replicas[J].Nature，2007，446：172–175.

[70] Liang J.，Wei D.，Lin N.，et al. Low temperature chemical reduction of fusional sodium metasilicate nonahydrate into a honeycomb porous silicon nanostructure[J].Chemical Communication，2014，50：6856–6859.

[71] Yoo J., Kim J., Choi M., et al. Extremely high yield conversion from low-cost sand to high-capacity Si electrodes for Li-ion batteries[J]. Advanced Energy Material, 2014, 4: 1400622.

[72] Yao Y., Mcdowell M., Ryu I., et al. Interconnected silicon hollow nanospheres for lithium-ion batteryanodes with long cycle life[J]. Nano Letters, 2011, 11 (7): 2949-2954.

[73] Liu N., Lu Z., Zhao J., et al. A pomegranate-inspired nanoscale design for large-volume-change lithium battery anodes[J].Nature Nanotechnology, 2014, 9 (3): 187-192.

[74] Zhou G., Li H., Sun H., et al. Controlled Li doping of Si nanowires by electrochemical insertion method[J].Applied Physics Letters, 1999, 75 (16): 2447-2449.

[75] Chan C., Peng H., Liu G., et al. High-performance lithium battery anodes using silicon nanowires[J].Nature Nanotechnology, 2008, 3 (1): 187-191.

[76] Yong J., Han S., Im H., et al. Nitrogen-doped graphitic layers deposited on silicon nanowires for efficient lithium-ion battery anodes[J]. Journal of Physical Chemistry C, 2011, 115 (19): 9451-9457.

[77] Lee S., Mcdowell M., Choi J., et al. Anomalous shape changes of silicon nanopillars by electrochemical lithiation[J].Nano Letters, 2011, 11 (7): 3034-3039.

[78] Kim W., Choi J., Hong S., et al. Meso-porous silicon-coated carbon nanotube as an anode for lithium-ion battery[J].Nano Letter, 2016, 9 (7): 2174-2181.

[79] Tong Y., Xu Z., Liu C., et al. Magnetic sputtered amorphous Si/C multilayer thin films as anode materials for lithium ion batteries[J]. Journal of Power Sources, 2014, 247 (2): 78-83.

[80] Maranchi J., Hepp A., Kumta P. High capacity, reversible silicon thin-film anodes for lithium-ion batteries[J].Electrochemical and Solid-State Letters, 2003, 6 (9): 198.

[81] Maranchi J., Hepp A., Evans A., et al. Interfacial properties of the a-Si/Cu: active-inactive thin-film anode system for lithium-ion batteries[J].Journal of the Electrochemical Society, 2006（6）: 153.

[82] Guo H., Zhao H., Yin C., et al. A nanosized silicon thin film as high capacity anode material for Li-ion rechargeable batteries[J].Materials Science and Engineering: B, 2006, 131: 173-176.

[83] Xu C., Hao Q., Zhao D. Facile fabrication of a nanoporous Si/Cu composite and its application as a high-performance anode in lithium ion batteries[J].Nano Research, 2016, 9（4）: 908-916.

[84] Zhang Z., Wang Y., Tan Q., et al. Growth of linked silicon/carbon nanospheres on copper substrate as integrated electrodes for Li-ion batteries[J].Nanoscale, 2013, 6（1）: 371-377.

[85] Xu K., Zhang Z., Su W., et al. Core-shell Si/Cu nanocomposites synthesized by self-limiting surface reaction as anodes for lithium ion batteries[J].Functional Material Letter, 2017, 10: 3.

[86] Woo J., Kim A., Min K., et al. Cu_3Si-doped porous-silicon particles prepared by simplified chemical vapor deposition method as anode material for high-rate and long-cycle lithium-ion batteries[J].Journal of Alloys and Compounds, 2017, 701: 425-432.

[87] Kang Y., Park M., Song M., et al. A relation between enhanced Li ion transfer and the improvement in electrochemical performance of a Si-Cu-carbon composite[J].Journal of Power Sources, 2006, 162（2）: 1336-1340.

[88] Yoon S., Lee S., Kim H., et al. Enhancement of capacity of carbon-coated Si-Cu_3Si composite anode using metal-organic compound for lithium-ion batteries[J].Journal of Power Sources, 2006, 161（2）: 1319-1323.

[89] Yoo S., Kang K., Song K., et al. Kinetics-driven high power Li-ion battery with a-Si/NiSix, core-shell nanowire anodes[J].Chemical Science, 2011, 2（6）: 1090-1093.

[90] Deng L., Cui Y., Chen J., et al. A core-shell Si@$NiSi_2$/Ni/C nanocomposite as an anode material for lithium-ion batteries[J]. Electrochimica Acta, 2016, 192: 303-309.

[91] Zhou D., Jia H., Rana J., et al. Investigation of a porous $NiSi_2$/Si composite anode material used for lithium-ion batteries by X-ray absorption spectroscopy[J].Journal of Power Sources, 2016, 324: 830-835.

[92] Du Z., Ellis S., Dunlap R., et al. Ni_xSi_{1-x} alloys prepared by mechanical milling as negative electrode materials for lithium ion batteries[J].Journal of The Electrochemical Society, 2016, 163（2）: A13-A18.

[93] Wang G., Sun L., Bradhurst D., et al. Innovative nanosize lithium storage alloys with silica as active centre[J].Journal of Power Sources, 2000, 88（2）: 278-281.

[94] Jo I., Ha J., Park W., et al. Microstructures and electrochemical properties of Si-RE and Si-Fe anode materials for rechargeable Li-ion batteries[J].Journal of The Korean Physical Society, 2015, 67（11）: 1937-1941.

[95] Dong H., Feng R., AI X., et al. Structural and electrochemical characterization of Fe-Si/C composite anodes for Li-ion batteries synthesized by mechanical alloying[J].Electrochimica Acta, 2004, 49（28）: 5217-5222.

[96] Yang X., Wen Z., Huang S., et al. Electrochemical performances of silicon electrode with silver additives[J].Solid State Ionics, 2006, 177（26-32）: 2807-2810.

[97] Yao J., Jia Z., Zhang P., et al. Preparation of Si-PPy-Ag composites and their electrochemical performance as anode for lithium-ion batteries[J].Ionics, 2013, 19（3）: 401-407.

[98] Yan J., Huang H., Zhang J., et al. The study of Mg_2Si/carbon composites as anode materials for lithium ion batteries[J].Journal of Power

Sources，2008，175（1）：547-552.

[99] Xiao C.，Du N.，Zhang H.，et al. Improved cyclic stability of Mg_2Si by direct carbon coating as anode materials for lithium-ion batteries[J].Journal of Alloys and Compounds，2014，587（15）：807-811.

[100] Kwon Y.，Kim H.，Doo S.，et al. $Sn_{0.9}Si_{0.1}$/Carbon core-shell nanoparticles for high-density lithium storage materials[J].Cheminform，2007，38（5）：982-986.

[101] Kwon Y.，Cho J. High capacity carbon-coated $Si_{70}Sn_{30}$ nano alloys for lithium battery anode material[J].Chemical Communication，2008，9（9）：1109.

[102] Yoon S.，Park C.，Kim H.，et al. Electrochemical properties of Si-Zn-C composite as an anode material for lithium-ion batteries[J].Journal of Power Sources，2007，167（2）：520-523.

[103] Hwhang C.，Lim C.，Park J.，et al. Evaluation of Si/Ge multi-layered negative film electrodes using magnetron sputtering for rechargeable lithium ion batteries[J].Thin Solid Films，2011，519（7）：2332-2338.

[104] Peng Y.，Miao L.，Li C.，et al. Improved thermoelectric property of B-doped Si/Ge multi-layered quantum dot films prepared by RF magnetron sputtering[J].Japanese Journal of Applied Physics，2017，57（1S）：01AF03.

[105] Edfouf Z.，Cuevas F.，Latroche M.，et al. Nanostructured Si/Sn-Ni/C composite as negative electrode for Li-ion batteries[J].Journal of Power Sources，2011，196（10）：4762-4768.

[106] Edfouf Z.，Sougrati M.，Farlaut G.，et al. Reactivity assessment of lithium with the different components of novel Si/$Ni_{3.4}Sn_4$/Al/C composite anode for Li-ion batteries[J].Journal of Power Sources，2013，238（28）：210-217.

[107] Winter M.，Wrodnigg G.，Besenhard J.，et al. Dilatometric investigations of graphite electrodes in no aqueous lithium battery

electrolytes[J].Journal of the Electrochemical Society，2000，147（7）：2427–2431.

[108] Kim S.，Kim Y.，Baek W.，et al. Nanoscale electrical resistance imaging of solid electrolyte interphases in lithium–ion battery anodes[J]. Journal of Power Sources，2018，407（15）：1–5.

[109] Terranoa M.，Orlanducci S.，Tamburri E.，et al. Si/C hybrid nanostructures for Li–ion anodes：an overview[J].Journal of Power Sources，2014，246（3）：167–177.

[110] Lee B.，Son S.，Seo J.，et al. Facile conductive bridges formed between silicon nanoparticles inside hollow carbon nanofibers[J]. Nanoscale，2013，5（11）：4790.

[111] 李新喜，袁晓娇，张国庆，等. 锂离子电池硅/石墨复合负极材料的制备及性能研究[J]. 广东工业大学学报，2014，31（2）：27–31.

[112] 屈超群，王玉慧，姜涛，等. 静电纺丝法制备 Si/C 复合负极材料及其性能表征[J]. 无机材料学报，2014，29（2）：197–202.

[113] Zhang M.，Zhang T.，Ma Y.，et al. Latest development of nano structured Si/C materials for lithium anode studies and applications[J]. Energy Storage Materials，2016，4：2.

[114] 元鹏，朱丁，陈云贵. 锂离子电池用硅/石墨/碳复合负极材料的电化学性能[J]. 功能材料，2012，43（5）：657.

[115] Wang B.，Li X.，Luo B.，et al. One–dimensional/two–dimensional hybridization for self–supported binder–free silicon–based lithium ion battery anodes[J].Nanoscale，2013，5（4）：1470.

[116] Wang B.，Li X.，Zhang X.，et al. Adaptable silicon–carbon nanocables sandwiched between reduced graphene oxide sheets as lithium ion battery anodes[J].Acs Nano，2013，7（2）：1437–45.

[117] Luo Z.，Xiao Q.，Lei G.，et al. Si nanoparticles/graphene composite membrane for high performance silicon anode in lithium ion batteries[J].Carbon，2016，98：373–380.

[118] Lee B.，Son S.，Seo J.，et al. Facile conductive bridges

formed between silicon nanoparticles inside hollow carbon nanofibers[J]. Nanoscale，2013，5（11）：4790.

[119] Kong J.，Yee W.，Wei Y.，et al. Silicon nanoparticles encapsulated in hollow graphitized carbon nanofibers for lithium ion battery anodes[J].Nanoscale，2013，5（7）：2967

[120] Yu J.，Yang J.，Feng X.，et al. Uniform carbon coating on silicon nanoparticles by dynamic CVD process for electrochemical lithium storage[J].Industrial & Engineering Chemistry Research，2014，53（32）：12697–12704.

[121] Liu N.，Lu Z.，Zhao J.，et al. A pomegranate-inspired nanoscale design for large-volume-change lithium battery anodes[J].Nature Nanotechnology，2014，9（3）：187–92.

[122] Liu N.，Wu H.，Mcdowell M.，et al. A yolk-shell design for stabilized and scalable Li-ion battery alloy anodes[J].Nano Letter，2012，12（6）：3315.

[123] Xie J.，Tong L.，Su L.，et al. Core-shell yolk-shell Si@C@Void@C nanohybrids as advanced lithium ion battery anodes with good electronic conductivity and corrosion resistance[J].Journal of Power Sources，2017，342：529–536.

[124] Park C.，Choi W.，Hwa Y.，et al. Characterizations and electrochemical behaviors of disproportionate SiO and its composite for rechargeable Li-ion batteries[J].Journal of Material Chemistry，2010，20（23）：4854–4860.

[125] Tmorita T.，Takami N. Nano Si cluster-SiO_x-C composite material as high-capacity anode material for rechargeable lithium batteries[J].Journal of the Electrochemical Society，2006，153（2）：A425–430.

[126] Yu B.，Hwa Y.，Kim J.，et al. A new approach to synthesis of porous SiO_x，anode for Li-ion batteries via chemical etching of Si crystallites[J].Electrochimica Acta，2014，117（4）：426–430.

[127] Zong L., Jin Y., Liu C., et al. Precise perforation and scalable production of Si particles from low-grade sources for high-performance lithium ion battery anodes[J].Nano Letters, 2016, 16: 7210-7215.

[128] Feng X., Yang J., Lu Q., et al. Facile approach to SiO (x) /Si/C composite anode material from bulk SiO for lithium ion batteries[J]. Physical Chemistry Chemical Physics, 2013, 15 (34): 14420-144206.

[129] Liu X. Facile synthesis and electrochemical performance of hollow SiO@void@C composite as anode material for lithium-ion batteries[J].Chinese Battery Industry, 2017, 21 (6): 3-9.

[130] Su J., Zhao J., Li L., et al. Three-dimensional porous Si and SiO_2 with in situ decorated carbon nanotubes as anode materials for Li-ion batteries[J].ACS Applied Materials & Interfaces, 2017, 9 (21): 17807-17813.

[131] Chen S, Shen L., Aken P., et al. Dual-functionalized double carbon shells coated silicon nanoparticles for high performance lithium-ion batteries[J].Advanced Materials, 2017, 29 (21): 1605650.

[132] Bang B., Lee J., Kim H., et al. High-performance macro porous bulk silicon anodes synthesized by template-free chemical etching[J].Advanced Energy Material, 2012, 2 (7): 878-883.

[133] Ge M., Lu Y., Ercius P., et al. Large-scale fabrication, 3D tomography, and lithium-ion battery application of porous silicon[J].Nano Letter, 2014, 14 (1): 261-268.

[134] Ge M., Rong J., Fang X., et al. Scalable preparation of porous silicon nanoparticles and their application for lithium-ion battery anodes[J]. Nano Research, 2013, 6: 174-181.

[135] Tian H., Tan X., Xin F., et al. Micro-sized nano-porous Si/C anodes for lithium ion batteries[J].Nano Energy, 2015, 11: 490-499.

[136] Yi Z., Lin N., Xu T., et al. TiO_2 coated Si/C interconnected microsphere with stable framework and interface for high-rate lithium storage[J].Chemical Engineering Journal, 2018, 347: 214-222.

[137] Zhou X., Han K., Jiang H., et al. High-rate and long-cycle silicon/porous nitrogen-doped carbon anode via a low-cost facile pre-template coating approach for Li-ion batteries[J].Electrochimica Acta, 2017, 245: 14-24.

[138] Jiang Z., Li C., Hao S., et al. An easy way for preparing high performance porous silicon powder by acid etching Al-Si alloy powder for lithium ion battery[J].Electrochimica Acta, 2014, 115: 393-398.

[139] Qin Q., Cen Y., Apelian D., et al. Synthesis of Si anode with a micro sized-branched structure from recovered Al scrap for use in Li-Ion batteries[J].Journal of Power Sources, 2019, 410/411: 31-37.

[140] Sun J., Li J., Ban B., et al. A simple method to fabricate size and porosity tunable Si by Al-Si alloy as lithium ion battery anode material[J].Electrochimica Acta, 2020, 345: 136242.

[141] Cao W., Han K., Chen M., et al. Particle size optimization enabled high initial coulombic efficiency and cycling stability of micro-sized porous Si anode via Al-Si alloy powder etching[J].Electrochimica Acta, 2019, 320: 134613.

[142] Cai H., Han K., Jiang H., et al. Self-standing silicon-carbon nanotube/graphene by a scalable in situ approach from low-cost Al-Si alloy powder for lithium ion batteries[J].Journal of Physics & Chemistry of Solids, 2017, 109: 9-17.

[143] Cao W., Chen M., Liu Y., et al. $C_2H_2O_4$ etching of Al-Si alloy powder: an efficient and mild preparation approach for high performance micro Si anode[J].Electrochimica Acta, 2019, 320: 134615.

[144] Jiang H., Zhou X., Liu G., et al. Free-standing Si/Graphene paper using Si nanoparticles synthesized by acid-etching Al-Si alloy powder for high-stability Li-ion battery anodes[J].Electrochimica Acta, 2016, 188: 777-784.

[145] Li M., Hou X., Sha Y., et al. Facile spray-drying/pyrolysis synthesis of core-shell structure graphite/silicon-porous carbon composite

as a superior anode for Li–ion batteries[J].Journal of Power Sources, 2014, 248（2）: 721–728.

[146] Pan Q., Zuo P., Lou S., et al. Micro–sized spherical silicon@ carbon@graphene prepared by spray drying as anode material for lithium–ion batteries[J].Journal of Alloys Compounds, 2017, 723: 434–440.

[147] Zuo P., Yin G., Ma Y., et al. Electrochemical stability of silicon/carbon composite anode for lithium ion batteries[J].Electrochimica Acta, 2007, 52（15）: 4878–4883.

[148] Li X., Gu M., Hu S., et al. Mesoporous silicon sponge as an anti–pulverization structure for high–performance lithium–ion battery anodes[J].Nature Communication, 2014, 5（5）: 4105.

[149] Kim J., Hallm M., Byun D., et al. Amorphous carbon–coated prickle–like silicon of micro and nano hybrid anode materials for lithium–ion batteries[J].Solid State Ionics, 2014, 260（260）: 36–42.

[150] Yang S., Wei K., Ma W., et al. Kinetic mechanism of aluminum removal from diamond wire saw particle in HCl solution[J]. Journal of Hazardous Materials, 2019, 368: 1–9.

[151] Makanyire T., Jha A., Sutcliffe S., et al.Kinetics of hydrochloric acid leaching of niobium from TiO_2[J].Journal of Miner Process, 2016, 156: 1–6.

[152] Cheng W., Fu C., Chen P., et al.Dynamics of aluminum leaching from water purification sludge[J].Journal of Hazardous Materials, 2012, 217: 149–155.

[153] Luo M., Liu C., Xue J., et al.Leaching kinetics and mechanism of alunite from alunite tailings in highly concentrated KOH solution[J]. Hydrometallurgy, 2017, 174: 10–20.

[154] Kishore K. Rapid estimation of the activation energy for the decomposition of a solid using isothermal data[J].Thermochimica Acta, 1977, 19: 226–231.

[155] Li R., Zhai Z., Li Y., et al. Kinetic study of heavy metals

Cu and Zn removal during sewage sludge ash calcination in air and N2 atmospheres[J].Journal of Hazardous Materials，2018，347：227–232.

[156] Kong J.，Jin X.，Liu Y.，et al. Study on the kinetics of iron removal from silicon diamond–wire saw cutting waste：Comparison between heterogeneous and homogeneous reaction methods[J].Separation Purification Technology，2019，221：261–268.

[157] Wang K.，Tan Y.，Li P.，et al. Facile synthesis of double–layer–constrained micron–sized porous Si/SiO_2/C composites for lithium–ion battery anodes[J].ACS Applied Material Interfaces，2019，11：37732–37740.

[158] Su J.，Zhang C.，Chen X.，et al. Carbon–shell–constrained silicon cluster derived from Al–Si alloy as long– cycling life lithium ion batteries anode[J].Journal of power sources，2018，381，66–71.

[159] Wang K.，Xue B. Tan Y.，et al. Recycling of micron–sized Si particle waste from diamond wire cutting and its application in Li–ion battery anodes[J].Journal of Cleaner Production，2019，239：117997.

[160] Huang T.，Selvaraj B.，Lin H.，et al. Exploring an interesting Si source from photovoltaic industry waste and engineering it as a Li–ion battery high–capacity anode[J].ACS Sustainable Chemical Engineering，2016，4：5769–5775.

[161] Chen R.，Hsiao L.，Wu C.，et al. Facile synthesizing silicon waste/carbon composites via rapid thermal process for lithium–ion battery anode[J].Journal of Alloy Compounds，2019，791：19–29.

[162] Tan H.，Duh J.，Processing silicon microparticles recycled from wafer waste via rapid thermal process for lithium–ion battery anode materials[J].Journal of Power Sources，2016，235：146–154.

[163] Chen B.，Chuang S.，Duh J.，et al. Convertibility of anode electrode with micro–sized wafer scraps via carbon veil with plasma technique[J].ACS Sustainable Chemical Engineering，2017，5：1784–1793.

[164] Bao Q., Huang Y., Lan C., et al. Scalable up cycling silicon from waste slicing sludge for high-performance lithium-ion battery anodes[J].Electrochimica Acta, 2015, 173: 82-90.

[165] Kim S., Kim H., Chang H., et al. One-step formation of silicon-graphene composites from silicon sludge waste and graphene oxide via aerosol process for lithium ion batteries[J].Science Rep-UK, 2016, 6: 33688.

[166] Chen B., Chang C., Duh J., et al. Carbon-assisted technique to modify the surface of recycled silicon/silicon carbide composite for lithium-ion batteries[J].Energy Technology, 2017, 5: 1415-1422.

[167] Jang H., Kim H., Chang H., et al. Aerosol-assisted extraction of silicon nanoparticles from wafer slicing waste for lithium ion batteries[J]. Science Rep-UK, 2015, 5: 9431-9435.

[168] Gao C., Wang P., Wang Z., et al. The disordering-enhanced performances of the Al-MOF/graphene composite anodes for lithium ion batteries[J].Nano Energy, 2019, 65: 104032.

[169] Wang Y., He L., Li Y., et al. AgNPs supported on the magnetic Al-MOF/PDA as nanocatalyst for the removal of organic pollutants in water[J].Journal of Alloys and Compounds, 2020, 828: 154340.

[170] Yaghi O., Li H. Hydrothermal synthesis of a metal-organic framework containing large rectangular channels[J].Journal of American Chemical Society, 1995, 117: 10401-10402.

[171] Lee J., Farha O., Roberts J., et al. Metal-organic framework materials as catalysts[J].Chemical Society Reviews, 2009, 38: 1450-1459.

[172] Zhao Y., Song Z., Li X., et al. Metal organic frameworks for energy storage and conversion[J].Energy Storage Mater, 2016, 2: 35-62.

[173] Zheng S., Li X., Yan B., et al. Transition-metal (Fe, Co, Ni) based metal-organic frameworks for electrochemical energy storage[J]. Advanced Energy Materials, 2017, 7: 1-27.

[174] Maiti S., Pramanik A., Manju U., et al. Reversible lithium storage in manganese 1, 3, 5-benzenetricarboxylate metal-organic framework with high capacityand rate performance[J].ACS Applied Material Interfaces, 2015, 7: 16357-16363.

[175] Jin Y., Zhao C., Sun Z., et al. Facile synthesis of FeMOF/RGO and its application as a high performance anode in lithium-ion batteries[J]. RSC Advances, 2016, 6: 30763-30768.

[176] Wang L., Feng X., Ren L., et al. Flexible solid-state supercapacitor based on a metal-organic framework interwovenby electrochemically-deposited PANI[J].Journal of American Chemical Society, 2015, 137: 4920-4923.

[177] Zhang Y., Wang P., Zheng T., et al. Enhancing Li-ion battery anode performances via disorder/order engineering[J].Nano Energy, 2018, 49: 596-602

[178]Loiseau T., Serre C., Huguenard C., et al. A rationale for the large breathing of the porous aluminum terephthalate (MIL-53) upon hydration[J].Chemistry-A European Journal, 2004, 10: 1373-1382.

[179] Jung K., Choi B., Lee S., et al.Green synthesis of aluminum-based metal organic framework for the removal of azo dye Acid Black 1 from aqueous media[J].Journal of Industrial and Engineering Chemister, 2018, 67: 316-325.

[180] Bezverkhyy G., Ortiz G., Chaplais C., et al. MIL-53 (Al) under reflux in water: formation of γ-AlO (OH) shell and H2BDC molecules intercalated into the pores[J].Microporous Mesoporous Material, 2014, 183: 156-161.

[181] Zhao Y., Song Z., Li X., et al. Metal organic frameworks for energy storage and conversion[J].Energy Storage Mater, 2016, 2: 35-62.

[182] Schulmeister K., Mader W. TEM investigation on the structure of amorphous silicon monoxide[J].Journal of Non-Crystalline. Solids, 2003, 320 (1): 143-150.

[183] Hohl A., Wieder T., Aken P., et al. An interface clusters mixture model for the structure of amorphous silicon monoxide（SiO）[J]. Journal of Non–Crystalline. Solids，2003，320（1）：255–280.

[184] Lv P., Zhao H., Wang J., et al. Facile preparation and electrochemical properties of amorphous SiO_2/C composite as anode material for lithium ion batteries[J].Journal of Power Sources，2013，237（259）：291–294.